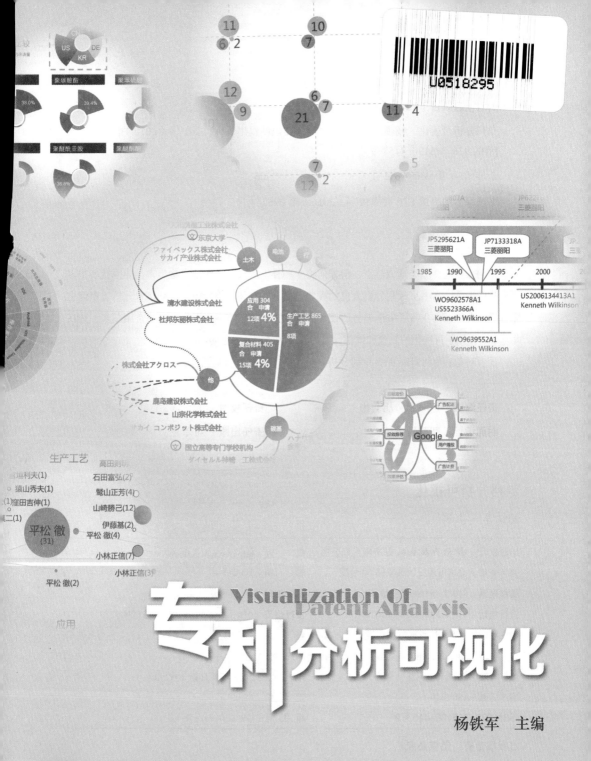

U0518295

# Visualization Of Patent Analysis
# 专利分析可视化

杨铁军　主编

知识产权出版社

全国百佳图书出版单位

**图书在版编目（CIP）数据**

专利分析可视化 / 杨铁军主编. —北京：知识产权出版社，2017.4（2018.4重印）

ISBN 978-7-5130-4153-9

Ⅰ.①专⋯ Ⅱ.①杨⋯ Ⅲ.①专利—分析 Ⅳ.①G306

中国版本图书馆 CIP 数据核字（2016）第 076244 号

**内容简介**

专利分析现在已经渐成热点，但如何将专利分析的成果最优地表达出来，还困扰着很多专利分析人员。本书从专利分析人员的视角出发，从专利态势分析、专利技术分析、申请主体分析三大方面，介绍了申请趋势、技术构成、区域分布等不同维度对应的常用图表，并在此基础上介绍了可视化的流程和规范，以加深对具体设计方法的理解。

读者对象：专利研究者及专利分析人员等。

**责任编辑**：卢海鹰　胡文彬　　　　　　**责任校对**：王　岩

**封面设计**：麒麟轩设计　　　　　　　　**责任出版**：刘译文

## 专利分析可视化

杨铁军　主编

| | |
|---|---|
| 出版发行：**知识产权出版社**有限责任公司 | 网　　址：http://www.ipph.cn |
| 社　　址：北京市海淀区气象路 50 号院 | 邮　　编：100081 |
| 责编电话：010-82000860 转 8031 | 责编邮箱：huwenbin@cnipr.com |
| 发行电话：010-82000860 转 8101/8102 | 发行传真：010-82000893/82005070/82000270 |
| 印　　刷：北京嘉恒彩色印刷有限责任公司 | 经　　销：各大网上书店、新华书店及相关销售网点 |
| 开　　本：720mm×960mm　1/16 | 印　　张：11.5 |
| 版　　次：2017 年 4 月第 1 版 | 印　　次：2018 年 4 月第 2 次印刷 |
| 字　　数：150 千字 | 定　　价：68.00 元 |
| ISBN 978-7-5130-4153-9 | 审 图 号：GS（2017）478 号 |

**出版权专有　侵权必究**

如有印装质量问题，本社负责调换。

# 编委会

主　任：杨铁军

副主任：郑慧芬　冯小兵

编　委：张小凤　褚战星　李超凡　阚　泓

　　　　杨　雪　罗　倩　赖俊科

# 课题研究团队

## 一、课题承担部门

国家知识产权局专利局审查业务管理部

## 二、课题负责人

冯小兵

## 三、课题研究人员

张小凤　褚战星　阚　泓　杨　雪　罗　倩

赖俊科　李超凡　蒋路帆　汪　勇

## 四、撰稿分工

褚战星：研究框架设计，主要执笔第 1 章，参与执笔第 3 章、第 4 章，
　　　　负责全书统稿

阚　泓：研究框架设计，主要执笔第 4 章，参与执笔第 1 章、第 2 章、
　　　　第 3 章、第 5 章，负责全书统稿

杨　雪：主要执笔第 3 章，参与执笔第 5 章，参与第 1 章、第 2 章、第
　　　　4 章统稿

罗　倩：主要执笔第 5 章，参与全书统稿

赖俊科：主要执笔第 2 章，参与第 3 章、第 4 章统稿

李超凡：研究框架设计，参与执笔第 1 章

蒋路帆：参与执笔第 2 章

汪　勇：参与执笔第 3 章

# 序

落实"中国制造2025"、推进"一带一路"战略、助力"大众创业、万众创新"、建设知识产权强国，无一不与专利信息紧密关联。然而，浩瀚的专利信息海洋中，亿万专利数据使人茫然无措，专利分析虽然能够梳理出有价值信息，但卷帙浩繁的专利分析报告依然让人望而却步。

国家知识产权局在"十二五"期间组织实施的"专利分析普及推广项目"在专利分析图表设计和制作方面不断尝试，致力创新，将多年的经验总结成书。本书汇集了"专利分析普及推广项目"在专利分析图表方面的智慧贡献，既是对专利分析图表的规范，也是对专利分析脉络的梳理。难能可贵的是，本书首次从专利分析工作者的视角，系统、全面地展示了专利分析中常用分析方法可用的图表类型，为专利分析的成果展现提供了样板。在此基础上，辅以实际案例，使专利分析图表设计更接地气。

衷心希望，《专利分析可视化》的出版，能够对我国各行业和企业、专利管理部门、知识产权服务机构等开展专利分析工作发挥有益作用，为彰显专利分析的价值作出应有的贡献。

# 前　言

"十二五"以来，专利信息利用已经越来越被社会各界所重视。在庞杂的专利信息中，梳理出有益的情报加以利用，是目前专利信息最常见的利用方式。然而，在获取情报后如何将情报以直观的形式展现出来是经常遇到的难题。

在"专利分析普及推广项目"的研究过程中，不断对专利分析图表的设计和制作进行创新，对专利分析成果的展现和表达有了一定的见解。本书旨在将课题研究中对专利分析图表的设计思路展现给读者，以供专利分析工作者查考和翻检，发挥"手册"的功能。

本书围绕"专利分析"做图表文章，在结构设计上以专利分析方法为纵向延伸，以图表类型为横向拓展。第一章是对专利分析图表的概述，第二章至第四章站在专利分析人员的视角，从专利态势分析、专利技术分析、申请主体分析三大方面，介绍了申请趋势、技术构成、区域分布等不同分析维度对应的常用图表，既包括简单的柱形图、折线图、饼图，也包括略微复杂的弦图、树图等。像"食谱"一样提供分析方法与图表的对应，启发读者进行图表设计。第五章在前述各种图表基础上，介绍专利分析图表的制作流程、规范和设计要领，以便加深对具体设计方法的理解。

本书为方便阅读，也做了精心设计。每章均设有本章概述，顺序串联，导读全书；正文以图为主，文字为辅，第二章至第四章基本按照专利分析方法释义—图表类型选择—图表案例展示的结构撰写，引导读者思考专利分析图表设计；以案例为主，使形而上的设计思路具象化，更具参考性。本书最后提供了双重索引，以便于读者按图索骥，既可根据专利分析方法查找常用的图表类型，也可根据图表类型反向查找对应的专利分析方法。

本书由国家知识产权局杨铁军副局长总体策划，由国家知识产权局专利局审查业务管理部郑慧芬部长、冯小兵副部长审校，由褚战星、阚泓承担全书统稿工作。国家知识产权局专利局审查业务管理部业务研究室和质量促进处的张小凤、李超凡等处室领导负责组织本书的编写和出版工作。感谢杨雪、罗倩、赖俊科、蒋路帆、汪勇、冯璐、朱镜羲、田野为本书的撰写所付出的辛勤努力，在此表示最诚挚的谢意！

本书绝大多数图表来自国家知识产权局"专利分析普及推广项目"的系列研究成果——《产业专利分析报告》。其中"摘自"的标注表明对案例进行直接引用，"改编自"的标注表明对原案例图表进行了再加工。在此，向本书引用了其研究成果的课题组表示感谢。特别感谢2015年度"专利分析普及推广项目"的"高速动车组和高铁安全监控技术""碳纤维复合材料""高性能子午线轮胎""新型传感器"四个课题组为本书提供的宝贵素材。

本书所有内容仅为专利分析工作中的经验总结，供专利分析工作者参考。由于时间仓促，加之研究人员水平有限，本书中的观点和内容难免存在偏颇和不足之处，希望读者批评指正，提出宝贵的意见和建议，以便于在修订时加以完善和改进。

《专利分析可视化》编委会

2016 年 12 月

修订建议收集联系人：

褚战星　010-62084456　18612188384　chuzhanxing@sipo.gov.cn

阚　泓　010-62084565　15210282055　kanhong@sipo.gov.cn

# 目　录

# 第一章　专利分析可视化概述

信息可视化，也被称为信息设计、数据可视化，旨在利用合理的设计方式分析并展示数据或信息，让复杂的数据易于理解，实现信息有效、直观、快速地传递，由此大大提升读者的阅读效率。

专利分析就是对专利信息进行科学的加工、整理，采用定量和定性的方法，结合产业、技术等信息，经过深度挖掘与剖析，转化为具有较高技术与商业价值的可利用信息的过程。

专利信息的可视化有助于分析专利数据，挖掘专利情报，并且能够将复杂的专利分析数据及大量产业、技术、法律信息更加明确、有效、美观地呈现给读者。

# 第一节　专利分析简介

## 一、专利分析概念和特点

专利分析是在全面、准确地查检专利信息后，对其进行加工、处理，并结合产业、技术等其他信息进行分析，使其转化为竞争情报的过程。专利分析是提高企业创新水平、把握市场方向的重要途径，也是避免专利纠纷、规避经营风险的有效手段。因此，专利分析是企业战略与竞争分析中一种独特而实用的分析方法，是企业获取竞争情报的常用方法之一。

专利分析具备以下几个特点：

（1）专利分析不仅仅是分析专利。专利活动是企业市场行为的一方面，因此，单纯的专利分析并不能完全地评价企业的现状及其活动，纯粹依靠专利得出的结论往往有失偏颇，甚至可能得出错误的结论。因此，专利分析应当是基于专利信息，结合经济、技术、法律、市场、金融、政策等信息进行的综合分析。

（2）专利分析应当以需求为导向。专利分析是为了解决实际问题，应当根据不同的需求，选择合适的分析方法和角度。因此，在进行专利分析之前，应当明确需求，并且使需求具体化。在分析过程中，应当围绕需求开展研究。在分析完成后，应当以是否满足需求作为评价指标。

（3）专利分析不应缺少对专利文献进行阅读的定性分析。仅仅依靠数据统计方法得出的分析结论只能展现某一技术领域专利申请的宏观态势，但是对于企业而言，专利分析更重要的作用是风险预警和指导研发，这就需要阅读专利文献进行定性分析，充分挖掘其中的技术情报。

## 二、专利分析发展历程和现状

专利分析的历史并不算长。Seidel 于 1949 年首次系统地提出专利引文分析的概念，他指出专利引文是后继专利基于相似的科学观点而对先前专利的引证。Seidel 同时还提出了高频被引专利的技术相对重要的设想。然而，直到 1981 年，他的设想才为人们所逐渐证实。20 世纪 90 年代后，随着信息技术、网络技术与专利数据库的不断发展，专利分析的方法体系逐渐建立并不断完善，专利分析才开始真正适用并应用于企业战略与竞争分析之中。

目前，许多国外的专利咨询机构都已建立了自身一套完备的分析指标体系，如美国摩根研究与分析协会、CHI 研究中心等，它们在分析中结合多个分析指标，综合评价专利数据。与国外较成熟的专利分析方法及指标体系相比，中国国内对专利分析的重视度仍不够，利用较少，分析中对专利信息资源的加工程度较低。

## 第二节　专利分析维度与图表类型对应

目前，专利分析的方法主要分为定量分析和定性分析两大类。定量分析主要是依靠统计学的方法，对专利文献固有的标引项目进行统计分析，取得专利发展态势方面的情报。定性分析则是通过阅读专利，发现专利中未进行标引的技术、市场、法律等信息，进行综合分析，得出技术动向、技术热点和空白点等情报。专利分析主要包括以下三个分析维度。

（1）专利态势分析，即对某一对象的所有专利进行分析，得出总体的态势。专利态势分析包括申请趋势、技术构成、地域分布、申请人排名等分析维度。

（2）专利技术分析，即针对特定技术进行定量和定性分析。专利技术分析包括技术功效、技术路线、重点产品、重点技术等分析维度。

（3）申请主体分析，即针对某个申请人进行定量和定性分析。申请主体分析包括研发团队、实力比较、专利合作申请、专利诉讼、企业并购等分析维度。

这三个分析维度在图表制作方面都有固定的套路，本书梳理了这些专利分析维度与图表类型的对应关系，如图 1-2-1（详见文后拉页）所示。

# 第二章 专利态势分析

专利态势分析是指对某一行业或技术领域总体专利状况的分析，有助于迅速了解整个产业、技术、市场或地域的发展态势。总体状况分析通常是针对专利数量的统计分析，基本的专利数量统计分析包括申请趋势分析、技术构成分析、地域分布分析以及申请人排名分析。这些专利数量统计分析对应的图表形式主要是数据统计类图表，均能够用 Excel 生成。因此，本章主要介绍上述图表的规范形式和具体应用场景。

# 第一节　申请趋势分析

在对产业、技术、市场或地域进行总体状况分析时，通常需要首先对申请趋势进行分析，通常包括专利申请量、申请人数量、发明人数量等随时间变化的趋势展现，图表主要包括折线图、面积图和柱形图等。上述图表在表达信息时各自有所侧重：折线图和面积图通常用来表示较长时间段内的数量变化趋势；柱形图则较多表示在短时间段内的数量变化情况，并突出每一个时间段的具体数量值。

**折线图**

表示较长时间段内的数量变化趋势

**面积图**

表示较长时间段内的数量变化趋势

**柱形图**

短时间段内的数量变化情况，并突出每一个时间段的具体数量值

## 一、折线图——长时间段内的申请趋势变化

折线图是以线条与数据标记构成可视化对象的图表类型，用以表示变化趋势。因此，折线图是专利分析中在展现专利数据发展趋势时使用较多的一种图表。

### （一）标准折线图

图 2-1-1 是最简单的标准折线图。标准折线图在专利分析中常用来表示某一对象（如国家、地区、申请人、技术领域等）的专利申请量、授权量、有效量、发明人数量、申请人数量等随时间的变化情况。因此，标准折线图的横坐标是时间，纵坐标一般是专利申请量、授权量、有效量、发明人数量、申请人数量等。

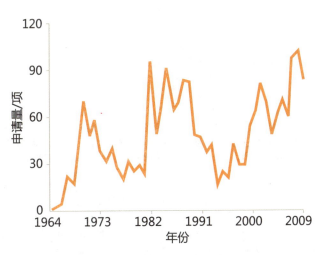

图2-1-1　标准折线图——PAN基碳纤维生产工艺全球专利申请量趋势

改编自：杨铁军. 产业专利分析报告（第14册）：高性能纤维[M]. 北京：知识产权出版社，2013：30.

## ▌加入注释文本的标准折线图

在进行专利分析时，通常需要将专利分析与市场、产业、技术信息相结合，才能得出可靠结论。因此，在标准折线图中加入产业和技术的信息，能够丰富折线图表达的内容，更有助于理解该领域或申请人申请量变化的原因。

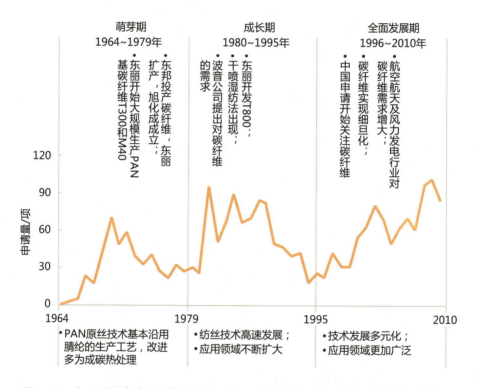

图2-1-2　加入注释文本的标准折线图——PAN基碳纤维生产工艺全球专利申请量趋势

图2-1-2是在图2-1-1的基础上加入了近四十年来，PAN基碳纤维生产工艺领域中出现的可能会影响该领域申请量变化的重大历史事件和技术突破，使读者更加清晰、直观地看到这一领域专利申请量态势以及导致其申请量出现波动变化的原因。

摘自：杨铁军. 产业专利分析报告（第14册）：高性能纤维[M]. 北京：知识产权出版社，2013：30.

图2-1-3 加入注释文本的标准折线图——NFC全球专利申请量趋势

图2-1-3是在NFC领域全球申请量随年份变化趋势的图中加入了在该领域中发生的重大事件和技术突破。反映出NFC标准的出台、NFC产业链各级主体的积极参与以及NFC移动支付的广泛应用前景都极大地推动了NFC技术的发展。

改编自：杨铁军. 产业专利分析报告（第11册）：短距离无线通信[M]. 北京：知识产权出版社，2013：23.

## （二）多重折线图

当需要对多个数据系列进行整体比较时，可以采用多重折线图，即将多条折线置于同一坐标系中。在专利分析中，多重折线图可用来表示多个国家或地区或技术领域或者多个申请人的申请量、授权量、有效量随年份的变化趋势。

使用多重折线图时，各数据系列可以是同一量纲的数据系列，也可以是不同量纲的数据系列。

## 同一量纲的数据系列多重折线图

比较的多个数据系列均属于相同类别，如都属于申请量、授权量、有效量等。

图2-1-4　同一量纲的数据系列多重折线图——
芳纶领域杜邦、帝人全球专利申请量趋势

图2-1-4展示了杜邦和帝人两家公司在芳纶领域的申请量随年份的变化趋势，将两个折线放在一个坐标系下进行比较，能够清晰地对比两家公司的申请量趋势。

摘自：杨铁军. 产业专利分析报告（第14册）：高性能纤维[M]. 北京：知识产权出版社，2013：172.

## 不同量纲的数据系列多重折线图

比较的多个数据系列属于两个不同类别，比如专利申请量与其他变量（如市场份额、公司业绩等）。当两个数据系列的数值范围差异很大，使用同一坐标轴无法清晰地显示出两种类型的数据，或者另一数据根本无法显示出来时，可设置让其中一个数据系列沿次坐标轴绘制。

图2-1-5　不同量纲的数据系列多重折线图——
夏普全球专利申请与公司业绩

图2-1-5展现了夏普全球专利申请及其业绩态势，当出现连续两年利润下降时，夏普专利申请量下降。

数据来源：[EB/OL].[2015-12-01]. http://www.shoarp-world.com/corporate/ir/library/annual/.

## 二、面积图——长时间段内的申请数量积累

面积图与折线图相似，多用于表现时间序列的变化，由于在折线下方的区域中填充了颜色，因此不仅能反映出数据的变化趋势，还能利用折线与坐标轴围成的图形来表现数据的累积值。

### （一）标准面积图

图 2-1-6 即为标准面积图的示例。

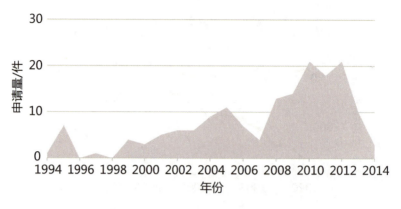

图2-1-6　标准面积图——××领域中国市场专利申请量趋势

除了图 2-1-6 展示的标准面积图之外，面积图还可以有很多变型，比如粗边面积图、网格线在前面积图等。

## ▍粗边面积图

商业报刊上常使用粗边面积图。

图2-1-7　粗边面积图——××领域中国市场专利申请量趋势

## ▎网格线在前面积图

Excel 自动生成的面积图，网格线都是在面积图下层。将网格线设置到面积图上层，能够更清晰地看出每一个时间点所对应的数值大小。

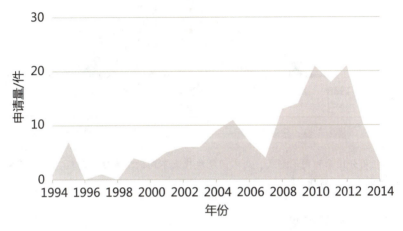

图2-1-8　网格线在前面积图——××领域中国市场专利申请量趋势

## （二）分段面积图

对面积图进行分段可以很直观地表现出指标数据（如专利申请量、授权量、有效量、申请人数量、发明人数量及其他数据指标）在不同阶段的变化趋势。

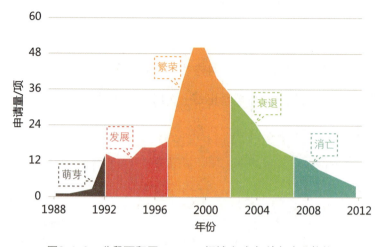

图2-1-9　分段面积图——××领域全球专利申请量趋势

图2-1-9利用分段面积图的形式，用不同色块代表不同的技术发展阶段，展示了某一技术领域技术发展的周期。

### （三）多重面积图

与多重折线图一样，多重面积图可用于展现多个数据系列，如多个技术分支申请量随时间的变化。

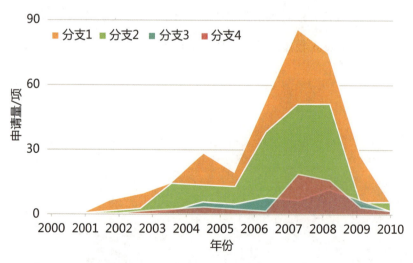

图2-1-10　多重面积图——××领域四技术分支全球专利申请量趋势

### （四）堆积面积图

堆积面积图不仅能够展现多个数据系列随时间的变化趋势，还能够表达其数据总和。通常按数据大小，由大到小自下而上进行堆叠，数据量最大、所占比重最高、最重要的数据系列置于最下方。

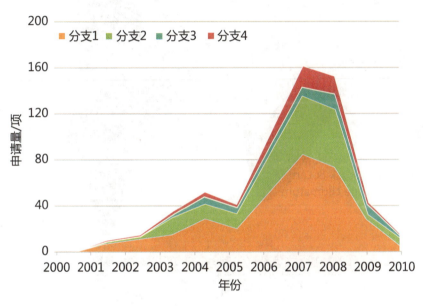

图2-1-11　堆积面积图——××领域四技术分支全球专利申请量趋势

## 水流图（stream graph）

水流图可以看作变型的堆积面积图。与堆积面积图以 X 轴为底部相比，水流图使用了围绕 X 轴呈现对称的图形设计方式。这一形式最初用于展示听众在 1ast.fm 网站上听音乐的历史，并引起《纽约时报》的注意。2008年 2 月，《纽约时报》刊登了一幅水流图，展示了 7500 部电影 21 年来的票房变化，如图 2-1-12 所示。

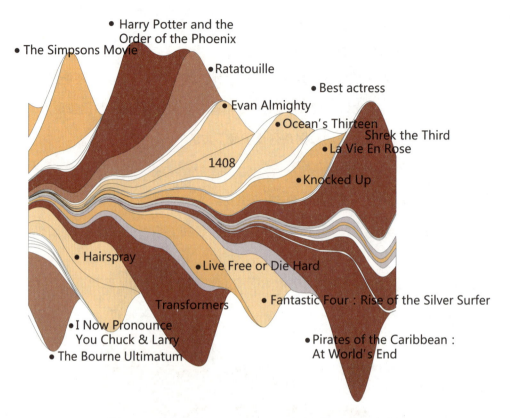

图2-1-12　水流图——1986～2008年电影票房排行变化

图片来源：[EB/OL].[2015-12-01]. http://mp.weixin.qq.com/s?_biz=MjM5MzM4Mjc4M Q=&mid=200658866&idx=1&sn=5abd3832142c9e32fb779ee3b68ed2a6.

　　在专利分析中，可以用水流图来替代堆积面积图，展示某一技术领域各个技术分支、各个国家/地区或者各申请人的申请量年度变化情况，如图2-1-13所示。与堆积面积图（图2-1-11）相比，水流图能更清楚地表现出各技术分支单独的趋势变化，图形构成也更为流畅优雅。水流图可以利用Excel 2013新增加的可视化插件直接生成。

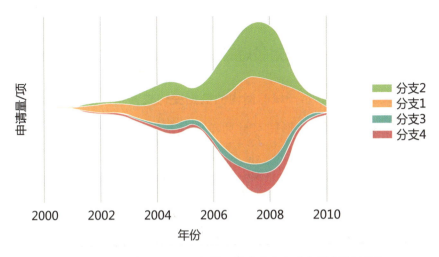

图2-1-13 水流图——××领域四技术分支全球专利申请量趋势

## （五）百分比堆积面积图

百分比堆积面积图用于显示各项指标所占百分比随时间的变化趋势。在专利分析中，百分比堆积面积图常用于展示多个技术分支或者多个国家/地区的专利申请相关数据随时间的变化，如图 2-1-14 所示。

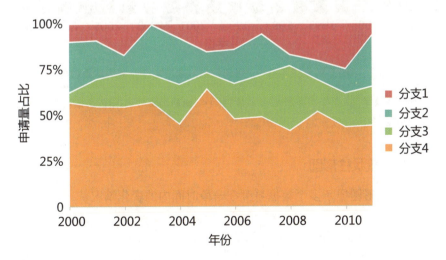

图2-1-14 百分比堆积面积图——××领域四技术分支全球专利申请量趋势

## 三、柱形图——相对较短时间内单个时间点的申请数量

柱形图多用于显示一段时间内的数据变化或各项数据之间的比较情况。与折线图相比，柱形图可分为单一柱形图、簇状柱形图和堆积柱形图。

### （一）单一柱形图

单一柱形图显示单一数据系列在一段时间内的变化情况。

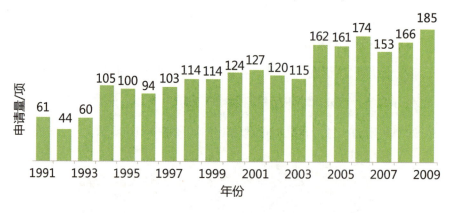

图2-1-15 单一柱形图——可转位铣刀领域全球专利申请量趋势

改编自：杨铁军. 产业专利分析报告（第3册）：切削加工刀具[M]. 北京：知识产权出版社，2012：91.

### （二）簇状柱形图

簇状柱形图显示多个数据系列在一段时间内的变化情况。

图2-1-16 簇状柱形图——可转位铣刀领域全球专利申请量及申请人数量变化趋势

图2-1-16展示了可转位铣刀领域全球申请量趋势。从图中可以看出，1992~1994年，专利申请量和申请人数量逐渐增加。1994~1998年，申请人数量逐渐增加，说明随着主要申请人进入该领域，该领域的申请量也相应增加；随后，当主要申请人完成该技术的专利申请后，即1998年后，主要申请人的申请量比重开始降低，这一时期申请人数量虽然持续增加，但专利申请总量维持稳定或下降；随着市场竞争的深入，申请人的数量开始减少，一部分申请人退出该领域。此后一段时间，可转位铣刀的专利发展处于稳定状态，直到新技术的出现。

改编自：杨铁军. 产业专利分析报告（第3册）：切削加工刀具[M]. 北京：知识产权出版社，2012：91.

## （三）堆积柱形图

堆积柱形图能够表现三方面的信息：第一，总量随时间的变化趋势；第二，各个分支的数量随时间的变化趋势；第三，在同一时间点中，即同一柱形中，每个分支所占的比例。

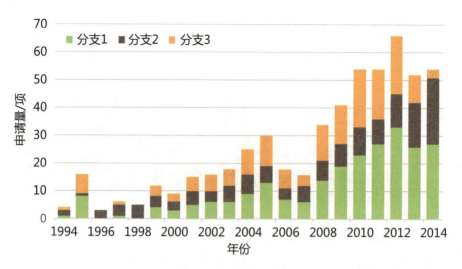

图2-1-17　堆积柱形图——××领域三技术分支全球专利申请量趋势

## 第二节 技术构成分析

在专利分析中，通常需要对技术分解表[①]中各技术分支的专利申请量进行统计分析，以了解专利技术的分布情况。

通常，可以采用柱形图、条形图、饼图/环图、矩形树图、瀑布图来反映各个技术分支专利申请量的比较。当需要比较不同对象（如不同国家或地区、不同申请人）的技术构成差异时，可以采用比较条形图和百分比堆积柱形图。还有一种情况是，当进行数据标引时，有一部分专利同时涉及多个技术分支，此时会将这种专利既标引到技术分支 1，又标引到技术分支 2，也标引到技术分支 3，如果要反映这种重复标引的专利数量的情况，可以尝试采用维恩图。

由于柱形图和条形图都是非常常规的图表，常规柱形图和条形图在表现技术构成时的使用场景和使用方法均是本领域的公知常识，因此在本节中将不再多作介绍。本章主要介绍以下六种图表。

---

① 杨铁军.专利分析实务手册[M].北京：知识产权出版社，2012：23-35.

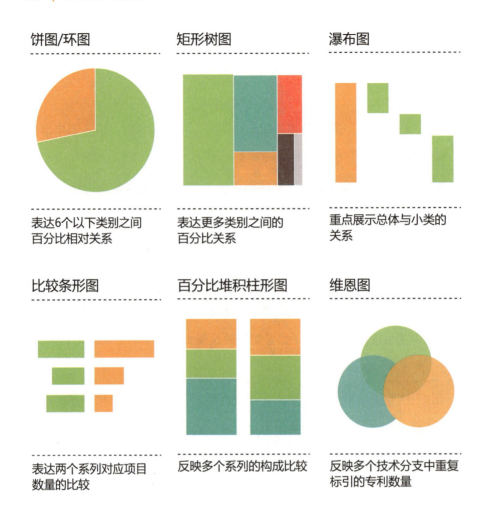

**饼图/环图**

表达6个以下类别之间
百分比相对关系

**矩形树图**

表达更多类别之间的
百分比关系

**瀑布图**

重点展示总体与小类的
关系

**比较条形图**

表达两个系列对应项目
数量的比较

**百分比堆积柱形图**

反映多个系列的构成比较

**维恩图**

反映多个技术分支中重复
标引的专利数量

## 一、饼图 / 环图—— 少量类别的百分比关系

饼图 / 环图利用不同角度的扇区描述各项指标在总量中的占比。根据表现形式，饼图 / 环图可分为常规饼图 / 环图、多环图、半饼图 / 半环图等类型。

在专利分析中可采用饼图 / 环图来表示某一技术领域中各个技术分支的专利申请量占比，以此表现某一技术领域的专利技术构成。

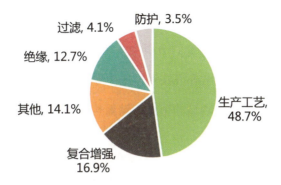

图2-2-1　饼图——杜邦芳纶领域专利技术构成

图2-2-1展示了杜邦在芳纶领域的专利申请量构成，其中近五成专利申请涉及芳纶生产工艺，而其余专利申请主要涉及芳纶的下游应用，这也反映出杜邦在材料领域的专利申请策略——注重全产业链的全面布局。

改编自：杨铁军. 产业专利分析报告（第14册）：高性能纤维[M]. 北京：知识产权出版社，2013：172.

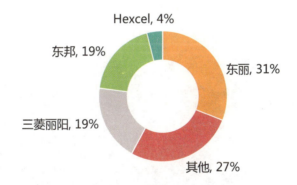

图2-2-2　环图——PAN基碳纤维全球市场份额

图2-2-2展示了PAN基碳纤维全球市场份额的分配情况，日本的三家企业——东丽、三菱丽阳、东邦的市场份额占到了全球总市场份额的近七成。

改编自：杨铁军. 产业专利分析报告（第14册）：高性能纤维[M]. 北京：知识产权出版社，2013：188.

## 多环图

多环图是环图的变型，可用于展现不同层级各项指标所占的百分比。

在多环图中，最内层的环为第一级指标，次内层的环为第一级指标分解后的二级指标，依此类推。在专利分析中，多环图既能展示某一技术领域技术分解的情况，又能展示出各级技术分支中专利申请数量的相对大小比例，能够有效地表现某一技术领域的整体申请量构成情况。

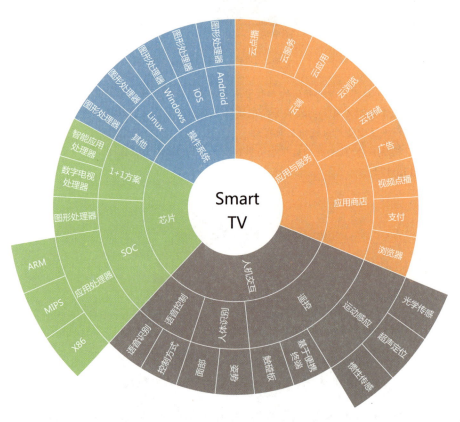

图2-2-3　多环图——智能电视技术分解

图2-2-3展示了智能电视领域的技术分解情况，将智能电视划分为芯片、操作系统、人机交互、应用与服务四部分，对四个技术分支以及要研究的重点技术又作了进一步细分。图2-2-3的图类型也可以认为是旭日图。

改编自：杨铁军. 产业专利分析报告（第13册）：智能电视[M]. 北京：知识产权出版社，2013：4.

图2-2-4 多环图——诺瓦泰公司全球专利申请技术分支布局

诺瓦泰公司是目前精密全球导航卫星系统（GNSS）及其子系统领域中处于领先地位的产品与技术供应商。在诺瓦泰公司申请的专利中，涉及运算模块的有21项，涉及基带模块15项，涉及天线模块和应用模块分别为9项，涉及射频模块1项。其中排名前两位的运算模块和基带模块的总和占全部专利申请总数的近2/3。这说明运算和基带是诺瓦泰公司的主要研发重点。作为技术供应商，诺瓦泰公司对技术本身的关注要明显多于对应用的关注。而在涉及运算模块的专利申请中，半数以上是对于定位方法或系统的改进。在基带模块的专利申请中，涉及观测测量值的专利申请也超过半数，据此可以了解诺瓦泰公司的主要研发方向。

数据来源：EPOQUE数据库，检索日期为2013年7月28日。

## ▍半饼图/半环图

半饼图 / 半环图是普通饼图 / 环图上的一种创新，能够吸引读者的注意。

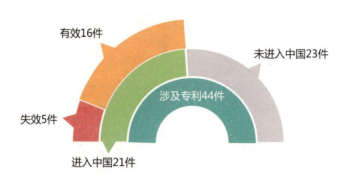

图2-2-5　半环图——燃煤锅炉领域专利技术引进概况

图2-2-5展示了2003年国家发改委组织国内一大电力规划院、六大电力设计院、三大锅炉制造企业联合引进了法国阿尔斯通全套300MW（1025t/h）亚临界循环流化床电站锅炉岛技术。这次技术引进直接促进了国内循环流化床锅炉机组的大型化发展，可谓是一次成功的技术引进的范例。但由于国内相关经验的缺乏，也存在一些不足之处。这次技术引进涉及44件许可专利，但是，在这44件专利中，仅有21件存在中国同族专利，另外23件未在中国申请专利。在21件中文专利中，当时仍然有效的仅有16件。

改编自：杨铁军.产业专利分析报告（第3册）：燃煤锅炉燃烧设备[M].北京：知识产权出版社，2012：517-520.

## 二、矩形树图——更多类别的百分比关系

矩形树图（treemap），又叫作矩阵式结构树图，如图 2-2-6（a）所示，这种图表通过变换矩形的方向和嵌套矩形来表示不同的层级，并通过矩形的面积大小来表示数量多少，从而比较同一层级中各个并列项的数值大小。下面结合图 2-2-6 进行说明。在层级关系方面，如图 2-2-6（a）所示，a、b、c 可以看做三个纵向排布的矩形，属于第一层级；其中 c 又分为 c1、c2、c3 三个横向排布的长方形，属于第二层级；而 c3 又分为 c31、c32 两个再

次纵向排布的长方形，属于第三层级。这种层级关系可以用图 2-2-6（b）的树形结构图解释。在数值关系方面，每个层级的数值是下一层级的数值之和，例如，数据总和等于 a、b、c 的数值之和，c 的数值等于 c1、c2、c3 的数值之和，c3 的数值等于 c31、c32 的数值之和；在同一层级中，面积大小反映了数量多少，例如，在 a、b、c 中，c 的面积最大，b 的面积最小，由此直观反映出 c 的数值大于 a 的数值，a 的数值大于 b 的数值。

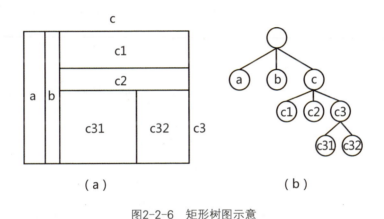

（a）　　　　　　　　（b）

图2-2-6　矩形树图示意

图表来源：[EB/OL].[2015-12-01]. http://www.vizinsight.com/2010/12/%E6%B5%85%E8%B0%88%E5%B1%82%E6%AC%A1%E6%95%B0%E6%8D%AE%E7%9A%84%E5%8F%AF%E8%A7%86%E5%8C%96%E6%8A%80%E6%9C%AF%E4%B8%AD/.

除了变换长方形的方向和嵌套长方形以外，也可采用不同色系来表示不同层级。如图 2-2-7 所示，在进行专利技术构成分析时，可用不同色系的长方形表示不同技术分支的申请量，在同一色系长方形中则继续划分多个长方形代表下级技术分支的申请量。矩形树图也可用于授权量和有效量的分析。

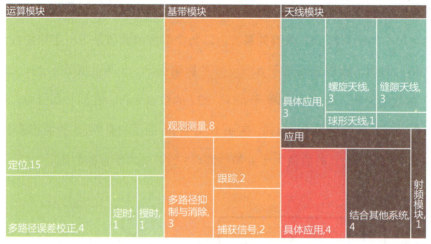

单位：项

图2-2-7　矩形树图——诺瓦泰公司全球专利申请技术分支布局

图2-2-7采用了与图2-2-4中类似的数据，用矩形树图的形式展现。属于同一技术分支的长方形采用相同颜色填充。"横幅式"的深色色块表示一级技术分支（运算模块、基带模块、天线模块、应用和射频模块），每一色系中的其他文字表示二级技术分支。数据来源：EPOQUE数据库，检索日期为2013年7月28日。

　　矩形树图除了用于表达多个层级关系以外，也可单纯用于表达单一层级下各个类别的对比关系，即用矩形面积大小表示该层级内各个类别的数量多少，并通过小块矩形在整个矩形面积中的构成比例来直观反映这些类别的百分比构成。此时的矩形树图可以认为是饼图或柱形图／条形图的一种变型。

　　与饼图或柱形图／条形图相比，矩形树图的展示优势在于：饼图或柱形图／条形图在展示类别数量方面会受到某些限制，例如，饼图常用于表示6个以下类别的对比关系，柱形图／条形图在表示过多类别时会造成图表长宽比过大而不符合审美习惯，且无法反映各个类别的百分比构成。矩形树图由于是在矩形内进行层层切分，因而既能够展示更多类别的数量对比而不会造成图表变形，又能反映百分比构成，解决了饼图和柱形图／条形图的这些展示缺陷。

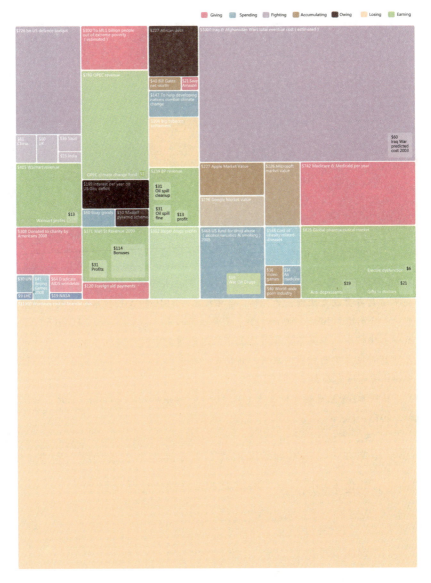

图2-2-8 矩形树图——十亿美元图

图2-2-8是著名的"十亿美元图",大卫·麦克德里斯从不同的信息渠道收集了各种收入和支出数据,然后用38个不同大小的矩形展现了其金额的比较。

图片来源:[EB/OL].[2015-12-01]. http://www.davidmccandless.com/design_work/#the-billion-pound-o-gram.

图2-2-9　矩形树图——短距离通信领域全球专利技术构成

图2-2-9采用矩形树图展示了全球短距离通信专利技术构成。从图中可以看出红外技术的专利申请量占有最大比例，为32%。蓝牙技术、RFID和WiFi技术的专利申请量占比紧随其后，分别达到29%、20%和11%。需要注意的是，尽管ZigBee、UWB和NFC的专利申请量占比较小，但并不意味着它们在短距离通信中的地位就不重要，随着以NFC为代表的新兴技术不断发展，应用不断扩大，在未来几年内，其申请量以及在短距离通信中的比重会逐渐加大。

改编自：杨铁军. 产业专利分析报告（第11册）：短距离无线通信[M]. 北京：知识产权出版社，2013：13.

　　矩形树图还可采用系列组图形式，来反映多个对象的技术构成，例如不同申请人的技术构成、同一申请人不同时期的技术构成等。

图2-2-11展示了智能电视的专利申请总量以及智能电视所包含的四个技术分支的专利申请量。可以看出，人机交互在智能电视领域中的占比最大，而应用的占比最小。

改编自：杨铁军. 产业专利分析报告（第13册）：智能电视[M]. 北京：知识产权出版社，2013：13.

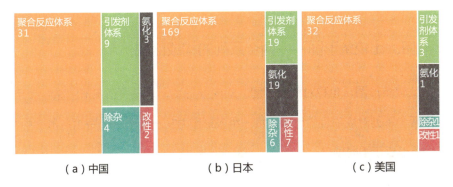

图2-2-10 矩形树图——聚丙烯腈聚合领域中、日、美三国专利技术构成比较

图2-2-10采用矩形树图系列组图展示了聚丙烯腈聚合领域中、日、美三国专利技术的构成比较。从图中可以看出，在聚合反应体系、引发剂体系等各个技术分支中，中、日、美三国均最为重视聚合反应体系的专利布局，中国较为重视引发剂体系和除杂技术的改进，日本、美国较为重视引发剂体系和氨化技术的改进。

改编自：杨铁军.产业专利分析报告（第14册）：高性能纤维[M].北京：知识产权出版社，2013：48.

## 三、瀑布图——总量与构成

瀑布图适用于表达总量和其构成之间的关系。

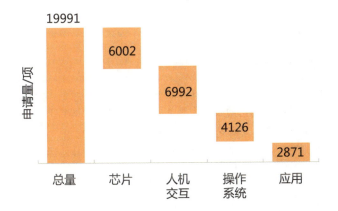

图2-2-11 瀑布图——智能电视领域全球专利申请技术分布

## 四、比较条形图——两个系列的构成比较

比较条形图，也称对称条形图、双向条形图，是将两组条形图结合使用，用于两个系列对应项目的比较，每一组条形图对应一个系列，每组条形图中的各个条形表示不同项目。

在专利分析中，比较条形图可用于两个系列的多个项目的数据比较，例如，用于表现两个申请人或发明人团队在不同技术分支上的专利申请量比较（图2-2-12）；也可用于表现在两个主要技术分支上不同申请人或发明人的专利申请量比较（图2-2-13）。

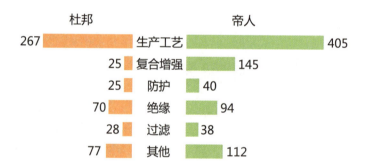

图2-2-12　比较条形图——芳纶领域杜邦、帝人在不同技术分支上的申请量比较

注：图中数字表示申请量，单位为项。

图2-2-12展示了杜邦、帝人两家公司在芳香族聚酰胺纤维领域的主要技术分支上的申请量对比。可以看出两家公司的研发主要集中在纤维的生产工艺上，而帝人在纤维复合增强这一技术分支的申请量远多于杜邦。

改编自：杨铁军.产业专利分析报告（第14册）：高性能纤维[M].北京：知识产权出版社，2013：172.

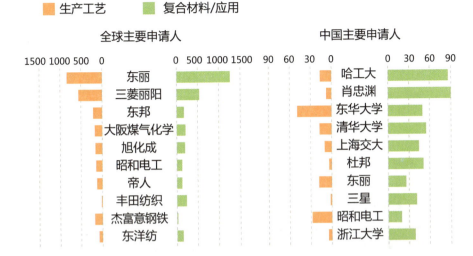

图2-2-13 比较条形图——碳纤维领域不同技术分支中全球/
中国主要申请人的申请量比较

注：本图由上至下代表专利总量排名前十位的申请人；图中数字表示申请量，单位为项。

---

图2-2-13用比较条形图展现了碳纤维领域全球主要申请人和中国主要申请人的情况。从图中可以看出，全球主要申请人基本都是日本企业，并且在碳纤维的生产工艺和复合材料/应用领域的专利申请量较为平均。而中国申请人更加注重碳纤维下游应用的专利布局，而在生产工艺上的专利申请量则较少。

改编自：杨铁军. 产业专利分析报告（第14册）：高性能纤维[M]. 北京：知识产权出版社，2013：15.

## 五、百分比堆积柱形图 / 条形图——多个系列的构成比较

饼图 / 环图适于展示一个系列中不同项目的构成，当需要展示两个系列中不同项目的构成变化时，建议采用百分比堆积柱形图 / 条形图。如果选用图 2-2-14（a）的两个饼图来表示两个系列的变化，由于人们在视觉上对扇形角度的改变并不那么敏感，因而很难准确解读出两个系列之间同

一项目的变化情况。如果采用图 2-2-14（b）的百分比堆积柱形图，由于人们对高度的变化较为敏感，因而能够准确解读变化情况，且还可借助连接线以使这种变化更为明显。

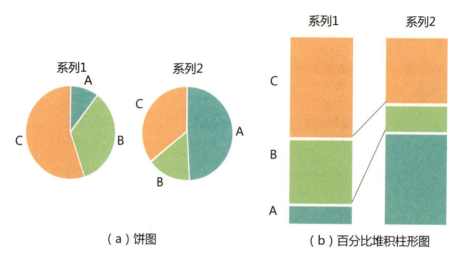

图2-2-14　饼图和百分比堆积柱形图的比较

在专利分析中，百分比堆积柱形图可用于表示不同申请人、发明人之间的技术分支的构成比例，申请量、有效量和授权量之间的比例关系等。

## 六、维恩图——展示技术分支之间的重合专利数量

维恩图是用圆或者其他封闭曲线及其内部来表示集合并可用于集合运算的图形，维恩图能够帮助读者理解各集合之间的交集、并集、补集的相互关系。

维恩图是由英国数学家约翰·维恩（John Wenn，1834 ~ 1923）所发明的一种图表形式，首次出现于维恩的《符号逻辑》一书中。维恩首先

用两个相交的圆表示 $X$、$Y$ 集合的四种集合关系（如图 2-2-15（a）所示）：既属于 $X$、又属于 $Y$ 的元素组成的集合；属于 $X$ 但不属于 $Y$ 的元素组成的集合；属于 $Y$ 但不属于 $X$ 的元素组成的集合；既不属于 $X$ 又不属于 $Y$ 的元素组成的集合。然后用三种相交的圆表示八种集合（如图 2-2-15（b）所示）；进一步用四个全等的椭圆表示 16 个集合（如图 2-2-15（c）所示）；进一步的，对于五个两两相交的集合，维恩用四个全等的椭圆分别表示集合 $X$、$Y$、$W$、$V$，用一个圆和一个小椭圆之间的部分表示集合 $Z$，以此表示出 32 个集合（如图 2-2-15（d）所示）。[①]

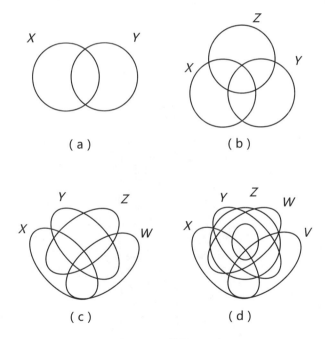

图2-2-15 维恩图示意

在专利分析的数据标引过程中，常常会遇到一件专利被标引到多个技

---

① 张厚品．维恩图的起源 [J]．数学教学，2005（7）：48-49．

术分支中的情况。常规使用的柱形图、条形图等图表只能表示各个技术分支的绝对数量，采用环图或饼图对于各技术分支间有交叉重复数据的情况更是不合适，而维恩图则能够清晰地展示各技术分支之间重复标引的数据关系，使这种关系具体化，并得到直观而清晰的印象。

图2-2-16用维恩图展示了俄罗斯外观专利申请中子午线轮胎的不对称花纹特征分布。子午线轮胎的不对称花纹主要包括密布细小沟槽、连续横向沟槽、单侧单导向三种设计特征。由于在这一领域，一件外观专利中可能会涉及多个设计特征，为了展示出有多少外观专利涉及单一特征、有多少外观专利涉及两种特征、有多少外观专利涉及三种特征，研究人员采用了维恩图来展示这些专利重复标引的交集关系。

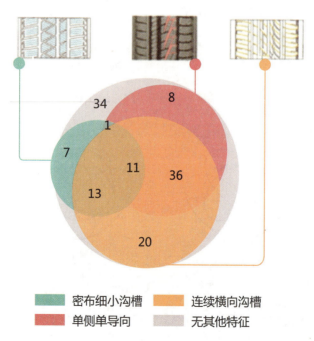

图2-2-16　维恩图——俄罗斯外观专利中子午线轮胎不对称花纹特征分布

图2-2-16展示了俄罗斯外观专利中子午线轮胎不对称花纹特征的分布情况。在这一领域中共有外观申请130件，其中具有密布细小沟槽特征的外观专利（蓝色）32件，具有连续横向沟槽特征的外观专利（黄色）80件，具有单侧单导向特征的外观专利（红色）56件。横向花纹有助于在湿滑路面高速行驶时打破地面积水形成的水膜，继而从纵向沟槽中排出积水；单导向花纹更直接地将积水甩出。从图中数据也可以看出，能够用于排出积水的单侧单导向（56件）及横向沟槽特征（80件），以及上述两种特征结合（36件）的外观专利量较大。这表明，在不对称花纹中，排水性能是首要考虑的设计元素。

# 第三节　地域分布分析

专利分析中的地域分布分析是在对专利进行定量或定性分析的基础上，制作与区域相关的专利分析图表，对图表进行解读进而得出相关结论的方法。地域分布分析可以反映一个国家或者地区的技术研发实力、技术发展趋势、重点发展技术领域、主要市场主体等，也可以反映国际上对该区域的关注程度等。[①]

地域分布分析得到的数据类型通常是比较类数据或份额类数据。对于比较类数据可以用柱形图、条形图、瀑布图来展示，对于份额类数据可以采用饼图 / 环图、矩阵树图来表示。上述图表类型在本章第二节关于技术构成的相关图表中均有介绍，因此，本节选取了常规的采用柱形图 / 条形图作为常规地域分布分析的一个示例。另外，由于地域分布分析的数据还含有地理位置信息，因此，还可以采用地图进行展示。相对于上述的其他图表，地图增加了地理信息，是一种更为简单、易读、直观的表达方式。本节将重点介绍地图，简要介绍柱形图 / 条形图在专利地域分布分析中的应用。

---

① 杨铁军 . 专利分析实务手册 [M]. 北京 : 知识产权出版社，2012 : 180.

柱形图/条形图

地图

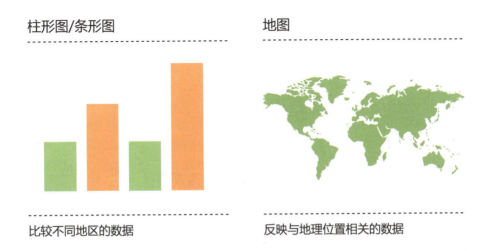

比较不同地区的数据

反映与地理位置相关的数据

## 一、柱形图/条形图——直观展示地区排名

柱形图/条形图可用于表示不同地区之间的相关数据对比，直观反映各地区的排名情况。

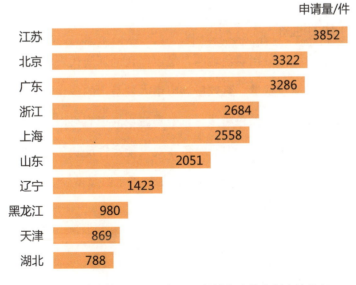

申请量/件

| 地区 | 申请量 |
|------|--------|
| 江苏 | 3852 |
| 北京 | 3322 |
| 广东 | 3286 |
| 浙江 | 2684 |
| 上海 | 2558 |
| 山东 | 2051 |
| 辽宁 | 1423 |
| 黑龙江 | 980 |
| 天津 | 869 |
| 湖北 | 788 |

图2-3-1 条形图——工业机器人领域各省份专利申请排名

图2-3-1展示了工业机器人领域各省份的专利申请排名情况。从图中可以看出，在工业机器人领域，江苏以3852件申请排名首位。进一步分析还可以看出工业机器人领域的专利申请主要集中在长三角（江苏、浙江、上海）、珠三角（广东）和环渤海地区（北京、山东、天津），这与中国工业机器人的发展趋势相符合。

改编自：杨铁军. 产业专利分析报告（第19册）：工业机器人[M]. 北京：知识产权出版社，2014：33.

## 二、地图——加入地理位置数据的直观表达

在专利分析中，大量与地理位置相关的数据都可以用地图来表示，如申请人、申请量的地域分布等。与柱形图 / 条形图相比，地图在反映区域分布方面，不仅可以通过颜色深浅或形状大小等使展现方式更加直观易懂，还可以根据分析需要与多个维度的数据相结合反映更多信息，例如综合反映申请量的数量多少、各国 / 地区占比、申请人的分布、技术分支的信息等。

### （一）热力地图

热力地图也称作分档填色地图，是以颜色的深浅代表地区的某一项目数量（如申请量、授权量、有效量、申请人数量）的多少的一种地图。颜色越深，该数量越大；颜色越浅，该数量越小。读者可以很容易从图中读出各地区之间的数量差异。由于颜色深浅只能定性反映各地区的数量对比关系，制图时还可直接标注具体数值以定量表示数量多少。

图2-3-2 热力地图

## （二）气泡地图

气泡地图是将气泡放在地图上的相应位置，以气泡大小代表各区域指标值多少的一种地图。气泡既可以是圆形气泡（参见图2-3-3（a）），也可以是方形气泡（参见图2-3-3（b））。

（a）圆形气泡

（b）方形气泡

图2-3-3　气泡地图

## 热力气泡地图

热力气泡地图在气泡地图基础上加入了热力地图的特征，在利用气泡大小表示一个变量的基础上，利用气泡颜色深浅表示另一个变量，如图2-3-4所示。

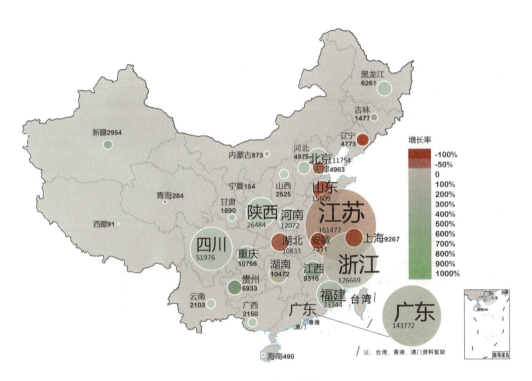

图2-3-4 热力气泡地图

图2-3-4中气泡的大小代表数值多少，气泡的颜色代表增长率，红色为负增长，绿色为正增长。从图中可以看出，江苏的数值最大，但增长率呈负增长；贵州的数值虽小，但增长率很高。

## ▌气泡地图组图

气泡地图组图是将多个气泡地图组合成系列图，比较不同地图中相同位置气泡的大小关系。

当需要比较多个技术领域或者多个申请人在全球的专利申请或产业分布时，可以采用气泡地图组图的形式展示。

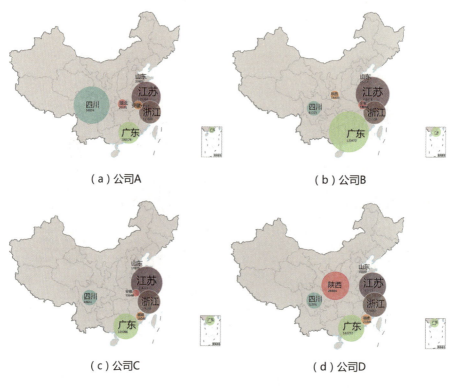

（a）公司A          （b）公司B

（c）公司C          （d）公司D

图2-3-5 气泡地图组图——××产品主要公司在全国主要省份的销售情况

图2-3-5中气泡的大小表示各企业××产品在全国主要省份的销售情况。通过图2-3-5，读者可以对比各公司在不同地区的销售情况。如果把上面的中国地图换成世界地图，用气泡大小代表各公司在主要国家的专利申请量，则可以比较出各公司在专利区域分布上的异同及其侧重的不同市场。

### (三)标签地图

标签地图是将标签放在地图上的相应位置,以标签大小表示各区域指标值多少的一种地图。一般多采用文字标签,如用区域名称作为文字标签,一方面表示地理位置信息,另一方面用标签大小表示数值多少,如图2-3-6所示。

图2-3-6 标签地图

### (四)图表地图

图表地图是将统计类图表放在地图上的相应位置,以反映该区域指标情况的一种地图,其中的统计类图表可以是饼图、柱形图、曲线图等,图表的数据与所在的区域对应,反映其构成、对比、趋势等。与前面的地图类型相比，图表地图能够展示的信息更加丰富，也更加精确（如图2-3-7 所示）。

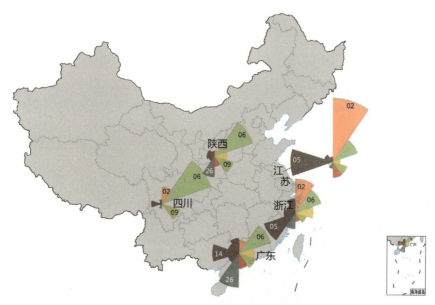

02 服装和服饰类

05 纺织品、人造或天然被单类材料

06 家具

09 商品运输或装卸用的包装和容器

14 录音、通信或信息再现设备

26 照明设备

图2-3-7　图表地图——我国主要地区外观设计专利的类别分布（2015年）

图2-3-7展示了我国主要地区外观设计专利的类别分布。采用南丁格尔玫瑰图表示相关省份的外观设计类别分布情况，再将上述玫瑰图置于对应省份所在的地理位置之上，既表现了地理信息，又对比了各省份外观设计申请的不同点，比如四川省在家具领域的外观设计申请较多，而江苏省在服装和服饰类，纺织品、人造或天然被单类材料领域的外观设计申请量较大。

## （五）综合地图

当需要表达的变量较多且复杂时，除了使用上面介绍的图表式数据地图，还可以综合上述多种数据地图的表现形式，即在地图上同时使用颜色、气泡、图表、图形等元素。这种综合多种元素的地图就构成了综合地图。

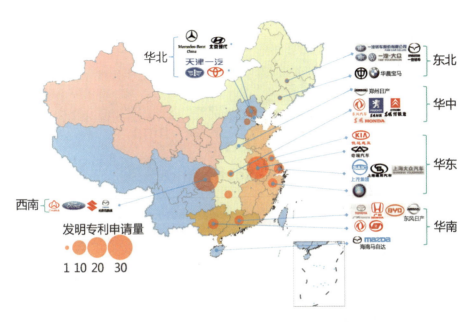

图2-3-8 综合地图——中国整车产业布局及安全车身发明专利申请状况

图2-3-8利用气泡大小表示安全车身技术领域在不同地区的专利申请量多少，用品牌logo标注中国整车产业的区域布局。从图中可以看出，中国整车产业主要分布在中东部，但安全车身这一技术领域的专利申请除集中在安徽、浙江、江苏、广东等中东部省份以外，在重庆和云南等西南地区也有相对集中的分布，由此可以看出安全车身领域的专利申请区域分布与整车产业的区域聚集并不匹配。

摘自：杨铁军. 产业专利分析报告（第9册）：汽车碰撞安全[M]. 北京：知识产权出版社，2013：3.

## （六）"没有"地图

所谓"大音希声，大象无形"，当人们对地图上的位置信息（如世界地图上中、美、日等国家的位置分布）足够熟悉时，可以在地图上相应位置绘制气泡或者标签之后，隐去地图背景，这种"地图"不仅不会损失地理信息，还使得图表更加简洁。

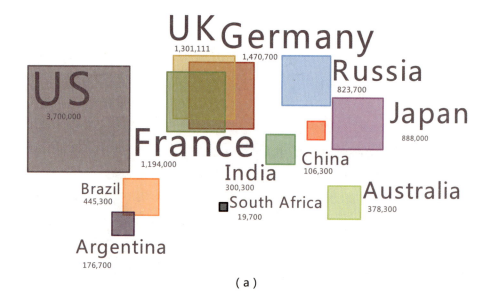

（a）

（b）

图2-3-9 "没有"地图

# 第四节　申请人排名分析

对申请人的申请量、授权量、有效量等进行排名，能够从众多市场主体中遴选出值得分析的重要市场主体，从而进一步挖掘出这些重要市场主体的研发重点、研发方向、主要市场和发展规划等信息，提供更具体、更有针对性的专利情报。

一般来说，申请人排名可用柱形图／条形图、矩形树图来展现。

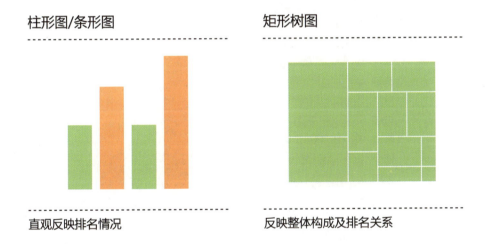

柱形图/条形图

直观反映排名情况

矩形树图

反映整体构成及排名关系

## 一、柱形图／条形图——直观展示申请人排名

柱形图／条形图展示申请人的申请量排名，如图 2-4-1 所示。

图2-4-1　条形图——安全气囊全球专利申请人排名

安全气囊全球专利申请的主要申请人基本来自欧洲、日本、美国的企业，其中以瑞典奥托立夫、美国天合、日本丰田自动车、日本丰田合成和日本高田领先。

摘自：杨铁军. 产业专利分析报告（第9册）：汽车碰撞安全[M]. 北京：知识产权出版社，2013：103.

## ▌子弹图

子弹图可以看作簇状柱形图的一种变型，同样用于表现多组信息的比较，例如，申请量和多边申请量的比较或者申请量、授权量、有效量的比较等。

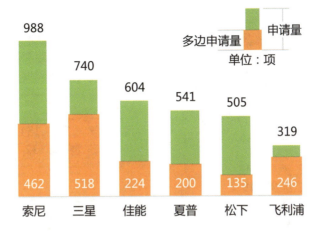

图2-4-2　子弹图——立体影像领域主要申请人专利申请量和多边申请量

从图2-4-2中可以看出，索尼和三星位居总申请量以及多边申请量排名的前两位，整体来看日本籍申请人在立体影像领域较为活跃。

改编自：杨铁军. 产业专利分析报告（第5册）：立体影像[M]. 北京：知识产权出版社，2012：160.

## ▌手风琴图

当使用条形图进行申请人排名时，如果申请人过多，直接作图出来会是长长的一串条形图（如图2-4-3（a）），在分析时并不是所有的条形都有用，因此会附带一定的干扰信息。当不需要分析全部的申请人，而是侧重于某些申请人时，可使用手风琴图将不重要的内容压缩，产生类似手风琴的折叠效果（如图2-4-3（b））。

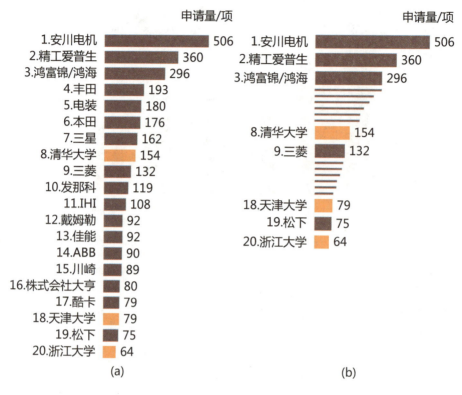

图2-4-3　手风琴图——工业机器人全球专利申请人排名

图2-4-3为了显示国内高校申请人的排名，可以利用手风琴图（b）突出标记高校申请人，而将不做重点显示的其他申请人折叠显示。

改编自：杨铁军．产业专利分析报告（第19册）：工业机器人[M]．北京：知识产权出版社，2014：22．

## 二、矩形树图——用面积大小反映整体构成

矩形树图也可以用来展示某一技术领域主要申请人构成或主要市场主体的市场份额。图2-4-4是采用与图2-4-1相同的数据绘制成的矩形树图。当数据类别过多时，传统的条形图在宽度不变的情况下，长度会变得很长。而与传统的条形图相比，矩形树图的优势在于，即使数据类别增加，矩形树图会在矩形内部进一步地分出小矩形块，而矩形总体的长宽比仍然保持不变。

申请量：项

图2-4-4　矩形树图——安全气囊全球专利申请人排名

改编自：杨铁军. 产业专利分析报告（第9册）：汽车碰撞安全[M]. 北京：知识产权出版社，2013：22.

# 第三章　专利技术分析

专利技术分析是在对专利进行定量分析或定性分析的基础上，制作与技术相关的专利分析图表，并对图表进行解读得出相关结论的过程。专利技术分析一般可以反映某一技术的发展趋势、生命周期、发展路线、技术热点/空白点等。专利技术分析的方法主要包括技术趋势分析、技术功效分析、技术路线分析、重点产品专利分析、重点技术专利分析等。

技术趋势分析的数据通常采用专利数量统计类图表来展示，在前述第二章中已有介绍，因此，本章主要介绍技术功效分析、技术路线分析、重点产品专利分析和重点技术专利分析所对应的图表，具体包括矩阵表、气泡图、线性进程图、泳道图、地铁图、实物图和系统树图等。

# 第一节 技术功效分析

　　创新通常是基于某一技术问题而产生的，该问题的解决需要采取相应的技术手段，进而带来一定的技术效果。因此，技术功效分析是一种对专利技术内容进行深入分析的方法。技术功效分析表达的是技术手段和技术效果之间的关系。通过技术功效分析，可以发现某一技术领域的专利雷区和专利空白区，找到研发的风险和机会。

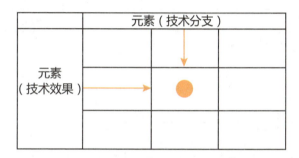

图3-1-1　技术功效矩阵示意

技术功效分析可以借助矩阵表和气泡图来表示。

**矩阵表**

颜色深浅、文字注释等多维度呈现分析结果

**气泡图**

气泡大小直观表达比较结果

## 一、矩阵表——技术功效的多维表达

矩阵表采用表格的形式表示技术手段和技术效果的关系。例如，横轴表示技术效果，纵轴表示技术手段，两个维度交叉确定的是采用某种技术手段产生相应技术效果的同类申请的数量。

表3-1-1　矩阵表——PAN基碳纤维生产工艺领域技术功效矩阵表

单位：项

| | 提高纺丝原液可纺性 | 提高原丝质量 | 提高碳纤维质量 | 经济社会效益 |
|---|---|---|---|---|
| 聚合反应体系 | 31 | 18 | 187 | 23 |
| 引发剂体系 | 7 | 4 | 20 | 1 |
| 氨化 | 2 | 5 | 15 | 4 |
| 除杂 | 3 | 1 | 8 | 0 |
| 改性 | 1 | 0 | 10 | 0 |

表3-1-1展示了对PAN基碳纤维生产工艺领域的专利进行技术功效标引后的数据情况。最左边的一栏为技术手段，最上面的一行为技术效果。

改编自：杨铁军. 产业专利分析报告（第14册）：高性能纤维[M]. 北京：知识产权出版社，2013：48.

技术功效矩阵表相对于技术功效气泡图的优势在于，在表格中可以加入更多维度的信息，使分析的内容更加丰富。例如表 3-1-2，在每一个技术功效表格中还加入了时间维度的信息，能够看出每一个技术点的专利申请的趋势；同时还加入了授权信息以及研究人员对于某些领域是研究热点或研究空白点的判断。

表3-1-2 矩阵表——手势遥控领域技术功效矩阵表

单位：项次

| 手段＼功效 | 多目标分离 (13/2) | | | | | 提高识别精度 (36/14) | | | | | 提高识别速度 (21/4) | | | | | 提高用户体验 (206/54) | | | | | 提高可靠性 (79/26) | | | | | 节约成本 (23/6) | | | | |
|---|---|---|---|---|---|---|---|---|---|---|---|---|---|---|---|---|---|---|---|---|---|---|---|---|---|---|---|---|---|---|
| 年份 | 1990~1994 | 1995~1999 | 2000~2004 | 2005~2009 | 2010~2012 | 1990~1994 | 1995~1999 | 2000~2004 | 2005~2009 | 2010~2012 | 1990~1994 | 1995~1999 | 2000~2004 | 2005~2009 | 2010~2012 | 1990~1994 | 1995~1999 | 2000~2004 | 2005~2009 | 2010~2012 | 1990~1994 | 1995~1999 | 2000~2004 | 2005~2009 | 2010~2012 | 1990~1994 | 1995~1999 | 2000~2004 | 2005~2009 | 2010~2012 |
| 静态手势识别 (61/24) | 2/1 | | | 1 | 1 | 6/5 | 1 | 1 | 4 | 1 | 7/2 | 3/1 | | 3/1 | 1 | 35/11 | 1 | 3 4/1 | 22/6 | 5 | 11/5 | 2 | 1 | 4/2 | 4 | | | | | |
| 动态手势追踪 (82/14) | | | 3 | 1 | 1 | 6/2 | 1 | 1 | 2 | 2 | | | 2 | 2 | | 43/6 | 3/2 | 2/1 | 27/3 | 11 | 20/5 | 3 | 3/2 | 11 | 3 | | 1 | 8/1 | 6/1 | 1 |
| 基于手部位置的光标输入 (21/7) | | | | | | | | 2 | | | | | 1 | | | | | 9/2 | | 2 | | | 7/3 | | 2 | | | 2/1 | | |
| 手部图像叠加 (20/10) | | | 2 | 1 | | | | 2/1 | 2/1 | | | 1 | 1 | | | | | 12/6 | 4 | | | 4/2 | 3 | | 2 | | 1 | 1 | | |
| 三维深度感知 (45/17) | | | 3 | | 2 | 9/6 | 1 | 1 | 7/4 | 1 | | 1 | 3/1 | 2/1 | | | 2 | 17/4 | 10/4 | 2 | | 1 | 9/4 | 2 | | | | | | |
| 多目摄像机 (9/2) | | | 1 | | 1 | | | 1 | 1 | | | | 1 | | | | 1 | 4/2 | 2/1 | 1 | | 3/1 | 3 | 3/1 | 1 | | 1 | 4/1 | 2 | 1 |
| 空间定位传感器 (25/7) | | | | | | | | 2 | 1 | | | | 1 | | | 4/1 | | 17/6 4/3 | 5/2 | 4 | | | 3 | | | | 2 | 3/1 | 1 | |
| 基于光源捕捉 (10/2) | | | | | | | | 1 | 1 | 1 | | | 1 | | | | 2/1 | 3/1 | 1 | | | 2 | 2 | 1 | | | 2 | 3 | 1 | |
| 基于标记物宽度颜色 (14/3) | | | | | | | | 2 | 1 | 1 | | | | | 1 | | 2/1 | 4/2 | 3/1 | 1 | | 1 | 3 | 1 | 1 | 2/1 | | 4/1 | 2 | 2 |

续表

| 手段 ＼ 功效 | 多目标分离 (13/2) | | | | | 提高识别精度 (36/14) | | | | | 提高识别速度 (21/4) | | | | | 提高用户体验 (206/54) | | | | | 提高可靠性 (79/26) | | | | | 节约成本 (23/6) | | | | |
|---|---|---|---|---|---|---|---|---|---|---|---|---|---|---|---|---|---|---|---|---|---|---|---|---|---|---|---|---|---|---|
| 年份 | 1990~1994 | 1995~1999 | 2000~2004 | 2005~2009 | 2010~2012 | 1990~1994 | 1995~1999 | 2000~2004 | 2005~2009 | 2010~2012 | 1990~1994 | 1995~1999 | 2000~2004 | 2005~2009 | 2010~2012 | 1990~1994 | 1995~1999 | 2000~2004 | 2005~2009 | 2010~2012 | 1990~1994 | 1995~1999 | 2000~2004 | 2005~2009 | 2010~2012 | 1990~1994 | 1995~1999 | 2000~2004 | 2005~2009 | 2010~2012 |
| 异类传感器信息融合 (41/10) | | | | | | | | 5 | | | | | 4 | | | | | 20/6 | 12/1 | 1 | | | 10/4 | 5 | 1 | | | 2 | 1 | 1 |
| 手势输入提示与确认 (25/7) | | | 1 | | | | | 1 | | 4 | | | | 4 | | | | 7/5 | 12/1 | 1 | | 1 | 3 | 5 | 1 | | | | 1 | 1 |
| 手势-命令映射 (27/3) | 1 | | | | | | | | | | | | | | | | | 18/5 / 24/3 | 12/3 / 20/3 | 3 / 2 | | 1 | 6/2 / 2/1 | 2 | 3 / 1 | | | | | 2 |

注:①单位"项次"表示一项专利可能同时被标引在两个技术手段或技术功效下,每次出现称为一个项次;
②未加下划线的数据表示申请中的项次,带有下划线的数据表示该数据的专利权已获专利权;
③灰色填充区域表示申请热点,竖线标记区域表示申请申请区。

表3-1-2展示了手势遥控技术领域的技术功效分析情况。从表中可以看出,静态手势识别技术获得专利权项次数最多,反映出该技术手段发展相对成熟,已经形成一定的专利壁垒。手部图像叠加这一手段虽然仅有20项的申请,但是已有10项专利获得授权,说明该技术手段技术成熟,专利授权比例高。手势—命令映射这一技术近年来申请量突增,但是授权专利数量不多,因此,专利申请空间较大。

摘自:杨铁军.产业专利分析报告(第13册):智能电视[M].北京:知识产权出版社,2013:39.

## 二、气泡图——技术功效的直观表达

气泡图是技术功效分析的另一种可视化表达方式，即用气泡的大小表示矩阵表中的数字。

图 3-1-2 是基于表 3-1-1 的数据做的气泡图。与技术功效矩阵表相比，同样是表达技术手段和技术功效对应的申请量，气泡图具有清晰、直观的效果。

图3-1-2　气泡图——PAN基碳纤维生产工艺领域技术功效图

注：图中数字表示申请量，单位为项。

摘自：杨铁军. 产业专利分析报告（第14册）：高性能纤维[M]. 北京：知识产权出版社，2013：48.

### 重叠气泡图

如果需要比较不同国家或申请人在同一技术领域的技术功效布局，通常的做法是采用两张气泡图进行比较，但这种方式的缺点在于读者需要不断地把目光从一张图移到另一张图。为了解决这一问题，可以采用重叠气泡图（见图3-1-3）来展示。

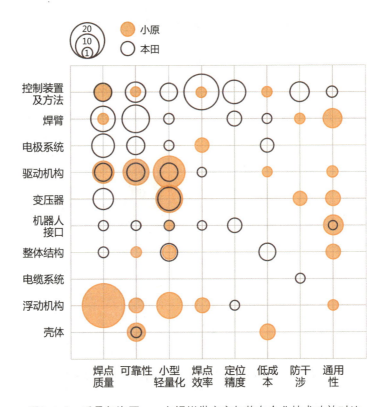

图3-1-3　重叠气泡图——点焊钳供应商与整车企业技术功效对比

工业机器人点焊钳领域的申请人主要分为两类，即点焊钳供应商和整车厂商。图3-1-3反映出以小原为代表的点焊钳供应商与以本田为代表的整车企业在技术功效布局的对比。从图3-1-3中可以看出，不同类型的企业在技术手段和技术效果上都各自有侧重。在技术效果上，小原关注的是焊点质量、小型轻量化和通用性，而对定位精度完全没有涉及，本田则比较关注焊点质量、可靠性和小型轻量化，而对通用性的研究则寥寥无几。在技术手段上，小原关注最多的是浮动机构和驱动机构，而对控制装置及方法很少涉及，本田研究的重点在于控制装置及方法，其次是焊臂及电极系统，而对浮动机构很少涉及。

改编自：杨铁军. 产业专利分析报告（第19册）：工业机器人[M]. 北京：知识产权出版社，2014：117.

## 饼状气泡图

如果想要表示具有构成关系的两个以上区域或申请人在同一领域的技术功效图，可以选择饼状气泡图，如图 3-1-4 所示。该图是将每个气泡以饼图的形式展现，突出表示不同区域或申请人的申请量/授权量/有效量所占份额比，强调该区域或该申请人在该领域的技术领先地位，出于数据表达清晰性的考虑，份额不建议过多，三个为宜。

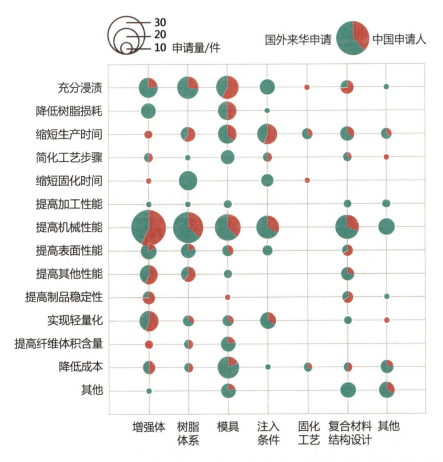

图3-1-4 饼状气泡图——RTM领域中国市场中国申请人与国外来华申请人技术功效对比

图3-1-4展示了RTM领域中国市场内中国申请人和国外来华申请人的技术功效比较情况。气泡大小代表在中国市场中采用某一技术手段实现某一技术效果的专利申请量的大小，气泡中的饼图代表了在该技术点内，中国申请人和国外申请人申请量的对比。可以看出在通过改进增强体结构提高复合材料机械性能、提高制品稳定性，通过改进模具结构实现充分浸渍，通过改进注入条件缩短生产时间等技术点上，中国申请人的申请量比例较大。而在一些技术点上，中国申请人在国内没有相关申请，全部是国外申请人在中国进行的专利布局，例如，通过改进增强体结构降低树脂损耗、改进树脂体系缩短固化时间等，在上述这些中国申请人的技术空白点上，国外申请人已经开始进行专利布局，我国企业应当对这些技术点加以关注。

数据来源：EPOQUE数据库，检索日期为2015年9月28日。

## 簇状气泡图

上述份额气泡图利用了饼图可进一步划分的特性，从而展示出了两个以上比较对象之间的技术功效的关系。基于该思想，拓展设计思维，考虑还可以采用何种形式表达多个比较对象之间的技术功效呢？这就是下面要介绍的簇状气泡图，即以每个技术分支和技术效果的交叉点为中心向外辐射几个代表不同对象申请量／授权量／有效量的气泡并以不同颜色区分，如图 3-1-5 所示。同样为了展示数据清楚起见，建议气泡最多不超过四个。

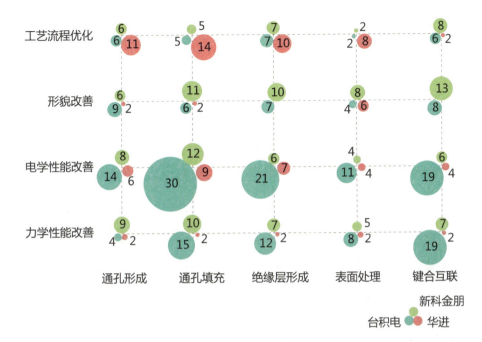

图3-1-5 簇状气泡图——新型传感器硅通孔领域主要申请人技术功效对比

图3-1-5展示了硅通孔技术领域三个主要申请主体华进、台积电、新科金朋的技术功效图。其中，华进具有强大的研发团队，在工艺流程优化等不易研究的技术点进行创新、探索，例如硅通孔背面露头方法、多层硅基片层叠加工等简化工艺流程等申请，技术性、探索性较强。台积电作为最大专业集成电路制造服务（晶圆代工）企业，对硅通孔的研究多集中在通孔填充、绝缘层形成和键合互联三者的力学和电学性能改善上，相较于其他两主体，其在通过通孔填充改善电学性能方面有着较为明显的优势。比如构建更好的硅通孔介电质衬底，形成高深宽比过孔，可减轻外部铜材料的挤压过孔问题，进一步提升电学性能，解决应力问题，可见该主体工艺流程趋于稳定，技术相对成熟。新加坡的新科金朋布局全面、技术储备丰富，在如何有效地对晶片减薄、对电互连技术进行改善、提高力学及电学性能，以及优化工艺流程等方面进行了专利布局。

数据来源：EPOQUE数据库，检索日期为2015年9月1日。

## 第二节 技术路线分析

　　技术路线用于表示某行业、技术领域、申请人等技术发展衍变的过程，有助于相关从业人员或研究人员从整体上把握技术的发展脉络，从而为技术开发战略研讨和政策优先顺序研讨提供信息基础和对话框架、提供决策依据，提高决策效率。专利分析中技术路线图是指应用简洁的图形、表格、文字等形式描述技术变化的步骤或技术相关环节之间的逻辑关系的图表，其横轴通常是时间，纵轴是技术或产品，能够展示不同技术或产品的重要专利[①]及其相互关系。技术路线可以通过线性进程图、泳道图和地铁图表示。

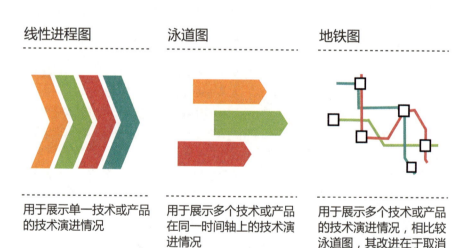

**线性进程图**

用于展示单一技术或产品的技术演进情况

**泳道图**

用于展示多个技术或产品在同一时间轴上的技术演进情况

**地铁图**

用于展示多个技术或产品的技术演进情况，相比较泳道图，其改进在于取消了固定的时间轴

---

　　① 重要专利的筛选方法可参考：杨铁军.专利分析实务手册[M].北京：知识产权出版社,2012：154-160.

## 一、线性进程图——单一技术分支的技术演进

线性进程图是以时间为轴表达单一事件进程的图形表现形式，最简单的线性进程图可以表达为如下所示。

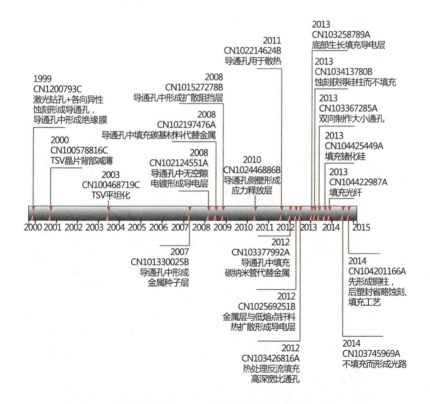

用线性进程图展示某一技术或产品的技术演进情况时，为使图表信息更加丰富，在不影响阅读的情况下，可在相应位置标注出专利文献的申请号/公开号、技术方案、申请人/发明人等信息。

图3-2-1 线性进程图——3D集成TSV技术发展路线（中国）

图3-2-1为3D集成TSV技术的中国技术路线图，通过不同节点的重要专利可以看到技术的变化和改进。进一步分析可看出，TSV的关键技术主要涉及硅通孔的蚀刻、填充，1999年的基础专利CN1200793C就是通过激光钻孔和各向异性蚀刻形成导通孔的技术，目前主要是通过刻蚀获得高深宽比的硅通孔以及光滑的硅通孔侧壁、通过填充获得无空隙的导电层。近期还出现了省略蚀刻和填充的新技术，通过先形成导电层而后形成TSV的技术，例如，2013年的专利CN103258789A利用底部生长填充导电层。另外，消除TSV的应力也是提高TSV性能和可靠性的重要途径，通过设置应力释放结构、填充介电材料等技术手段来提高消除TSV应力的能力。从图中可看出还出现了将TSV用于传输光信号的新技术，未来的技术发展方向可能是通过改进蚀刻来继续提高硅通孔深宽比、通过热处理来改进填充导电层的空隙率、通过设置应力释放结构和添加材料来减小应力，以及将TSV用于传输光信号等技术。

数据来源：CNPAT数据库，检索日期为2015年7月2日。

图3-2-2展示了世界工业机器人技术的发展历程，经历了示教机器人、感知机器人以及智能机器人三个重要阶段。随着技术的不断进步，工业机器人也逐步走向模块化、一体化、网络化。ABB公司作为工业机器人行业的领军企业，其研发动向在遵循这一整体发展脉络的同时，也具有其自身的特点——在自身的技术优势（控制技术）方向上持续巩固，在其他方向上不断兼容吸纳全面发展。

改编自：杨铁军.产业专利分析报告（第19册）：工业机器人[M].北京：知识产权出版社，2014：332.

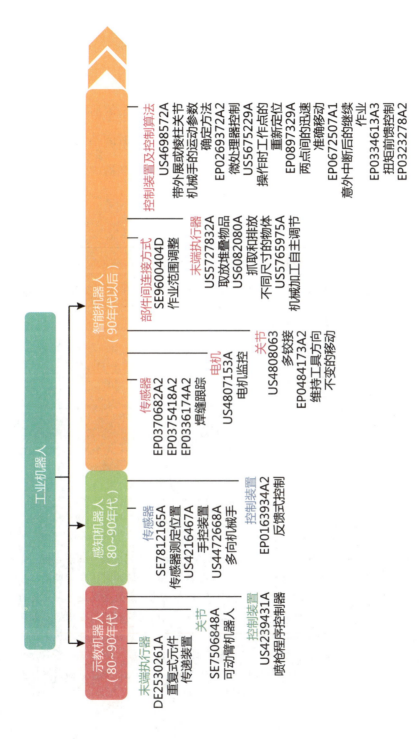

图3-2-2 线性进程图——ABB公司工业机器人技术发展路线

## 二、泳道图——多个技术分支的技术演进

泳道图是按项目类别划分为多个泳道，各项目类别的活动分布在其对应的泳道上。在专利技术分析中泳道图以一个共同的时间轴为基准轴，不同技术或产品对应不同泳道，以分别展示对应技术或产品的专利技术演进情况。

### 加入箭头使技术发展更明确

如果每一技术领域内各重要专利之间存在技术上的关联，可以加入箭头使技术发展更明确。

图3-2-3展示了安全车身领域的技术发展路线，涉及结构、工艺、材料三条主线。车身结构技术在三段式车身理念的基础上，不断优化各部件的协同作用；车身焊接工艺从电子电焊，发展为激光焊接、机器人自动焊接，成型工艺从发泡金属成型，发展为注塑制造、液压成型；车身材料从传统普通钢，发展为高强度钢和超高强度钢，未来趋势是大量利用高强度合金钢、纤维材料、复合材料和高分子聚合物材料。总体而言，安全车身技术未来发展趋势是在保证安全性的同时轻量化。

摘自：杨铁军. 产业专利分析报告（第9册）：汽车碰撞安全[M]. 北京：知识产权出版社，2013：29.

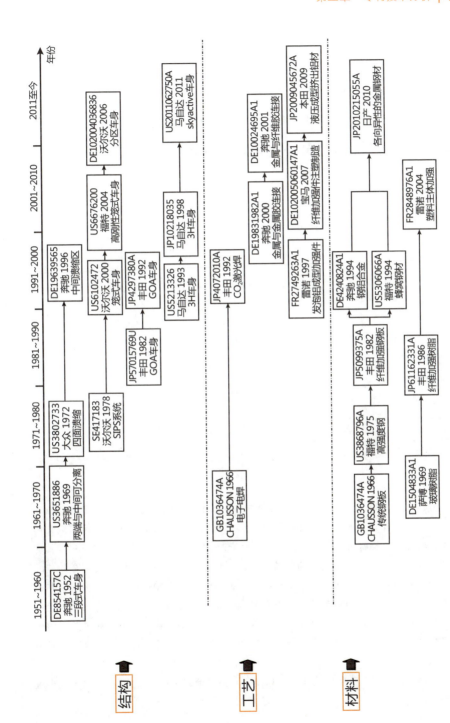

图3-2-3 泳道图——安全车身领域技术发展路线

## 调整时间轴的位置优化图表布局

多泳道技术路线图中，多个泳道共同参考一个时间轴，如果各个泳道上的专利之间没有交叉引用关系，即各个技术分支均是单行线式发展，那么从优化图表布局的角度考虑，可以适当的调整时间轴在各个泳道之间的位置。

图3-2-4展示了PAN基聚合中引发剂体系的三个技术手段：偶氮类引发剂、氧化还原类引发剂、混和引发剂体系的技术演进情况。偶氮类和氧化还原类引发剂是该领域常用的引发剂种类，三菱丽阳在20世纪80年代的申请JP61012705A中首次公开了采用偶氮类和氧化还原类引发剂聚合得到聚丙烯腈聚合物，随后的几十年时间中，大部分的碳纤维的工业生产都是采用这两种引发剂体系生产聚丙烯腈。而20世纪90年代，由杜邦的科学家Kenneth Wilkinson发现采用混合引发剂体系制备聚丙烯腈也能获得优异性能的碳纤维，并提高生产效率。这种混合引发剂体系在2006年以后得到东丽和三菱丽阳两家公司的重视，并相继申请了多件专利，混合引发剂体系或许成为此领域今后的发展方向。

摘自：杨铁军. 产业专利分析报告（第14册）：高性能纤维[M]. 北京：知识产权出版社，2013：62.

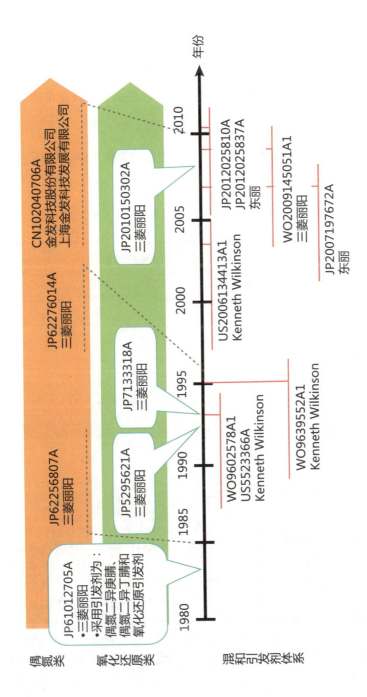

图3-2-4 泳道图——PAN基聚合中引发剂体系的三种技术手段演进

## 加入图标使图表更生动

技术路线中的专利文献信息往往包含申请人信息，这有助于企业识别该技术领域中的主要竞争对手或者合作伙伴，那么为了突出申请人（尤其当申请人以企业为主时），可以考虑用企业的 logo 代替申请人的名称，这样借助图形元素可以快速加深读者对申请主体的总体认识。

---

图3-2-5展示了汽车碰撞安全偏置碰撞领域技术发展的情况。早期对于正面偏置碰撞性能的改进主要集中在前部吸能结构件以及车门防撞性能和A柱强度的加强，对于车身整体结构优化则鲜有涉及，其中车身结构设计领域代表性的专利为奔驰于1951年申请的专利DE854157C提出了一种三段式的车身结构设计。近年来，为提高车辆偏置碰撞性能的研究重点则集中在前部吸能部件设计、地板前围挡板设计以及车身结构优化设计。

摘自：杨铁军. 产业专利分析报告（第9册）：汽车碰撞安全[M]. 北京：知识产权出版社，2013：160.

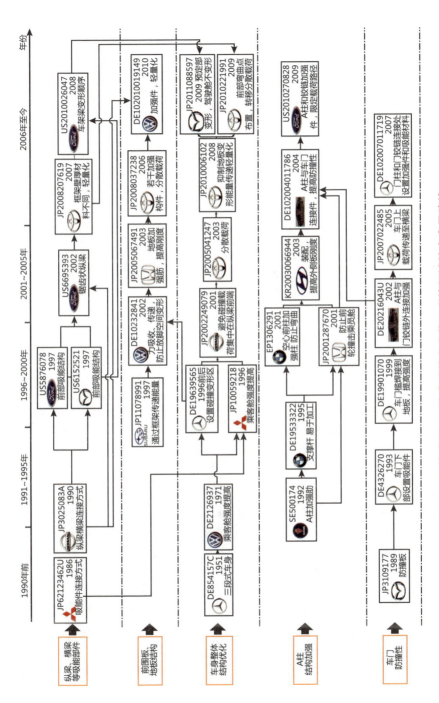

图3-2-5 泳道图——汽车碰撞安全偏置碰撞领域技术发展路线

▎加入技术内容使信息表达更充分

　　在技术发展路线的节点性专利中加入技术改进点等技术内容，可以更快速、充分地展现技术改进的具体内容，使读者更容易读懂技术发展路线图。

图3-2-6为切削加工刀具涂层结构技术发展路线图，通过不同节点的重要专利可以看到技术的变化和改进。基于对技术发展路线图的分析可看出，刀具涂层在发展的40多年间，共经历了单层、双层、多层、软硬、梯度和纳米六个代际。横向表示每个代际的技术改进路径，从图中各节点专利的技术内容能很快地掌握改进的具体信息，例如，单层涂层最开始采用的是碳化物，山特维克在此基础上研发出了$Al_2O_3$涂层，20世纪90年代，金刚石涂层得到了应用，单层涂层最新的进展是研究单层涂层的微观结构。纵向表示各个代际之间的关系，从图中可以发现各代际之间也存在联系，例如双层和多层就是在单层无法满足性能要求的情况下开发出来的，目前切削加工刀具涂层的前沿技术是纳米涂层技术。

摘自：杨铁军.产业专利分析报告（第3册）：切削加工刀具[M].北京：知识产权出版社，2012：114.

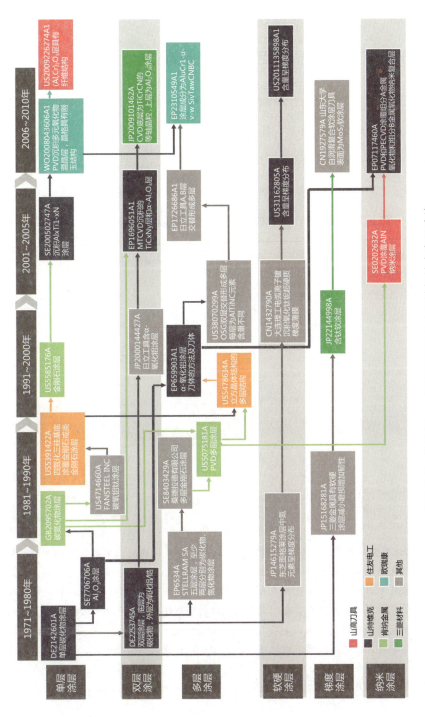

图3-2-6　泳道图——切削加工刀具涂层结构技术发展路线

### 三、地铁图——无固定时间轴的泳道图

地铁图最早来源于 Informationarchitects.jp（一个可视化网站）于 2007 年的创意，该创意依据分类、相似性、成功度、知名度和前景，为当年互联网上最成功的 200 个网站制作了一张趋势地图（如图 3-2-7 所示）。

图 3-2-7 的地铁图并没有时间轴，但若是将上述的地铁路线中加入时间，每一条地铁路线表示一个技术分支，就可以展示不同技术分支的发展情况了，如图 3-2-8 所示。

---

图3-2-7以东京地铁图为基础进行改造，将网站设计成地铁站，不同应用类型的网站用不同颜色的地铁线表示。比如粉红色代表分享类网站，紫红色代表工具类网站，大红色代表技术网站，柠檬黄色代表知识类网站。如果你对东京的城市地理状况有所了解，看这张地图时会露出更多会心的微笑。设计师在图中安排了大量暗喻和巧合，比如Google处于新宿的位置，而新宿代表被黑社会控制、很酷的地方；而YouTube已经控制了涩谷地区，涩谷在通常理解中，代表年轻人出没的喧嚣的地方；维基百科在新桥——一个遍布头脑清醒上班族的地方等。

图片来源：[EB/OL].[2015-12-01]. https://ia.net/know-how/ia-trendmap-2007v2.

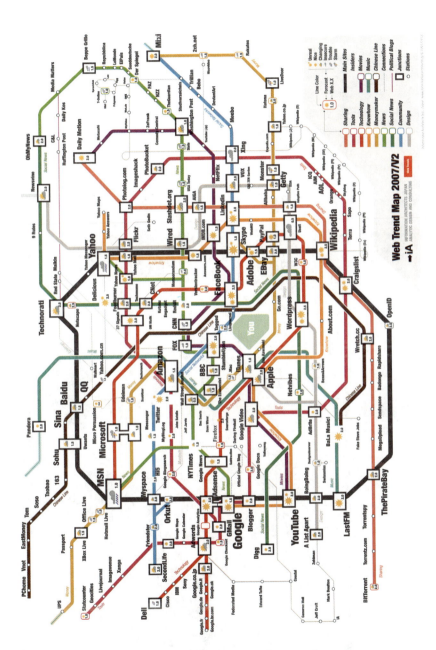

图3-2-7 地铁图——Web Trend Map 2007

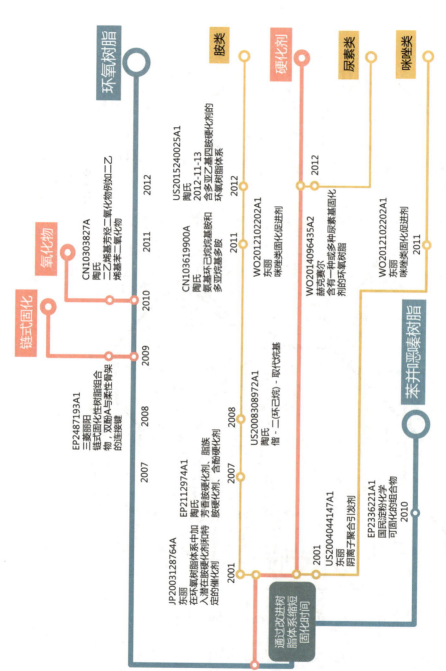

图3-2-8 地铁图——碳纤维增强复合材料RTM工艺中通过改进树脂体系缩短固化时间的技术发展路线

图3-2-8用地铁图展示了碳纤维增强复合材料RTM成型工艺中，通过改进树脂体系缩短固化时间的主要技术的发展路线。蓝色表示第一级技术分支，即树脂体系的种类：苯并噁嗪树脂和环氧树脂，粉红色表示第二级技术分支，及在环氧树脂体系中，缩短其固化时间主要采用的技术手段：环氧树脂的链式固化、加入氧化物或加入助剂。黄色表示第三级技术分支，即助剂的种类，胺类、尿素类和咪唑类。每一个地铁站的小圆圈表示一项专利，并标注了其最早优先权日。虽然图3-2-8中没有一个固定时间轴，但其实也是按照从左到右时间不断演进的方式在排列。从图中可以看出不同的技术手段上的演进，比如在使用胺类固化剂缩短环氧树脂的固化时间这一技术领域中，陶氏分别在2007年、2011年、2012年申请了专利EP2112974A1、CN103619900A、US2015240025A1，这三项专利就是对一类胺类化合物的具体结构进一步优选并获得了越来越短的固化时间。

数据来源：EPOQUE数据库，检索日期为2015年10月10日。

# 第三节　重点产品专利分析

　　重点产品专利分析包括以下分析角度：（1）重点产品关键技术；（2）重点产品技术发展路线；（3）重点产品的产业链布局；（4）重点产品专利主要申请人、发明人等。对于分析维度的第（2）点在本章第二节中有介绍，对于第（4）点在第四章第一节、第二节中有介绍，对于第（3）点，需要根据产业链的具体布局状况来绘制。因此，本节主要介绍第（1）点重点产品关键技术的分析图表，通常包括实物图和系统树图（Denddrogram）等。

## 实物图

用于展示有具体实物的产品，以表达部件之间的结构关系

## 系统树图

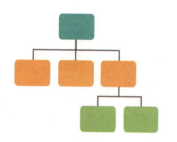

用于示意性展示无法具象化的产品，以表达概念之间的层次关系

## 一、实物图——具体产品的技术分布

对于有具体组成结构的产品，通常借助其图形化的实物直观地表达分析内容，即实物图。实物图可以是立体三维图像，也可以是平面二维图像。为了使展示的信息更加丰富，可以在实物图中加入重点产品各关键技术的国内外申请量状况、法律状态等信息。

### 机械领域实物图

由于机械领域重点技术往往涉及具体的产品，因此可以有效地利用产品具有实物图形这一特点。在表示各个技术分支专利数量的分布时，可以借助说明书附图提供的或者行业网站上获得的相关产品的实物图形，从中标注各个组成部分对应的技术分支，通过这样的形式增强趣味性，加深读者印象。

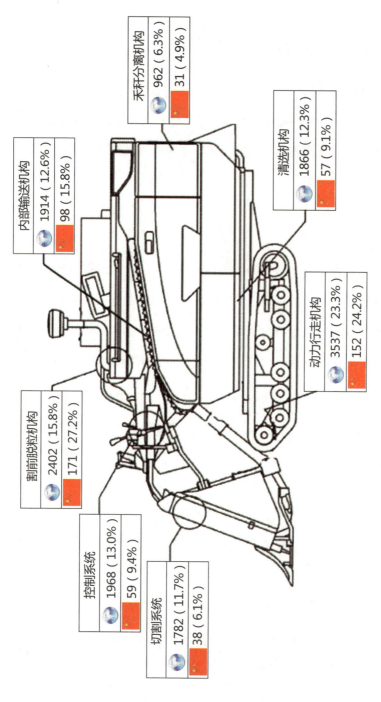

图3-3-1 实物图——联合收割机各构成部件全球专利和中国专利申请量情况

注：图中数字代表申请量，其中全球申请量的单位为"项"，中国申请量的单位为"件"；括号内百分数表示该机构申请量分别占全球/中国申请量的百分比。

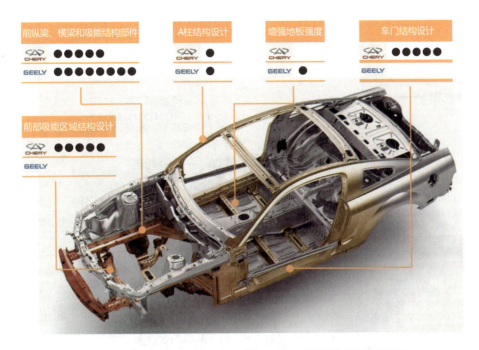

前纵梁、横梁和吸能结构部件
CHERY ●●●●
GEELY ●●●●●

A柱结构设计
CHERY ●
GEELY ●

增强地板强度
CHERY
GEELY ●

车门结构设计
CHERY ●●●●
GEELY

前部吸能区域结构设计
CHERY ●●●●
GEELY

图3-3-2 实物图——奇瑞、吉利正面偏置碰撞领域的专利布局

图3-3-2展示了奇瑞、吉利正面偏置碰撞领域的专利布局。其中，奇瑞的研究重点主要在于：（1）乘员舱前部许可变形区的结构设计；（2）前纵梁、横梁和吸能件结构设计；（3）A柱的结构设计；（4）车门防撞性能的设计。吉利的研究重点有：（1）前横梁结构的设计；（2）左前纵梁结构设计；（3）增加地板强度；（4）A柱的结构设计。

摘自：杨铁军. 产业专利分析报告（第9册）：汽车碰撞安全[M]. 北京：知识产权出版社，2013：154.

图3-3-1展示了全球以及中国在联合收割机各个机构上专利申请所占的比例，我国在联合收割机各机构上的侧重情况与全球的侧重情况相近。但国内申请较为侧重在脱粒机构的申请上，而国外最为注重的是行走动力的申请。这是由于我国联合收割机对基础部件（动力、行走的组成构件）的研究较为薄弱引起的，且脱粒部件对于作物收割质量所产生的直接影响也使得国内申请人过多地关注脱粒。

摘自：杨铁军. 产业专利分析报告（第7册）：农业机械[M]. 北京：知识产权出版社，2013：120.

实物图上除了可以标注每一部分的专利申请量之外，当申请较少时，还可以标注出具体的专利信息，如图3-3-3所示。

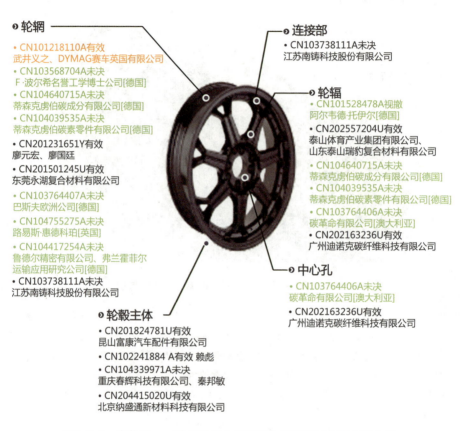

**❹轮辋**

• CN101218110A有效
武井义之、DYMAG赛车英国有限公司
• CN103568704A未决
F·波尔希名誉工学博士公司[德国]
• CN104640715A未决
蒂森克虏伯碳成分有限公司[德国]
• CN104039535A未决
蒂森克虏伯碳素零件有限公司[德国]
• CN201231651Y有效
廖元宏、廖国廷
• CN201501245U有效
东莞永湖复合材料有限公司
• CN103764407A未决
巴斯夫欧洲公司[德国]
• CN104755275A未决
路易斯·惠德科珀[英国]
• CN104417254A未决
鲁德尔精密有限公司、弗兰霍菲尔
运输应用研究公司[德国]
• CN103738111A未决
江苏南铸科技股份有限公司

**❹连接部**

• CN103738111A未决
江苏南铸科技股份有限公司

**❹轮辐**

• CN101528478A视撤
阿尔韦德·托伊尔[德国]
• CN202557204U有效
泰山体育产业集团有限公司、
山东泰山瑞豹复合材料有限公司
• CN104640715A未决
蒂森克虏伯碳成分有限公司[德国]
• CN104039535A未决
蒂森克虏伯碳素零件有限公司[德国]
• CN103764406A未决
碳革命有限公司[澳大利亚]
• CN202163236U有效
广州迪诺克碳纤维科技有限公司

**❹中心孔**

• CN103764406A未决
碳革命有限公司[澳大利亚]
• CN202163236U有效
广州迪诺克碳纤维科技有限公司

**❹轮毂主体**

• CN201824781U有效
昆山富康汽车配件有限公司
• CN102241884 A有效 赖彪
• CN104339971A未决
重庆春辉科技有限公司、秦邦敏
• CN204415020U有效
北京纳盛通新材料科技有限公司

图3-3-3　实物图——碳纤维复合材料汽车轮毂领域中国专利布局

图3-3-3展示了碳纤维复合材料汽车轮毂领域的中国专利布局情况。从图中可以看出，碳纤维复合材料汽车轮毂是较为新兴的技术领域，在中国的专利申请仅有18件，包括中国申请9件，国外来华申请9件。主要涉及轮辋、轮辐和轮毂主体，少量涉及连接部和中心孔。

数据来源：EPOQUE数据库，检索日期为2015年9月20日。

## 化学领域实物图

　　实物图不仅可以展示产品的具体组成结构，在化学领域，还可借助化学结构式来展示化合物的微观结构。

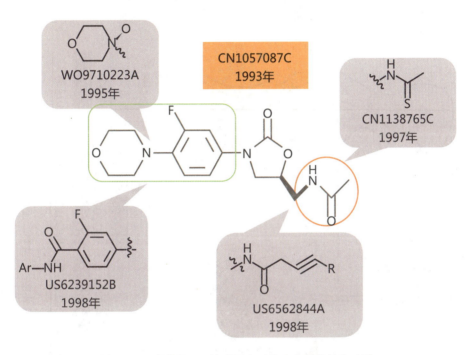

图3-3-4　实物图——法玛西亚对化合物的修饰和改造

图3-3-4展示了法玛西亚对化合物结构的修饰和改造，其将化合物的结构式置于该图的中心位置，圈出法玛西亚改造的结构之处，并显示出改造结构之处涉及的专利申请，及其申请的年份。从图中可以看出，1995年申请的WO9710223A将吗啉环中的氮替换为氮氧化物；1997年申请并获得授权的CN1138765C将侧链的乙酰胺替换为硫代乙酰胺；1998年申请并获得授权的US6239152B将吗啉基替换为芳基氨基甲酰基，1998年申请并获得授权的US6562844B进一步在乙酰胺末端引入炔基。

摘自：杨铁军. 产业专利分析报告（第27册）：通用名化学药[M]. 北京：知识产权出版社，2014：163.

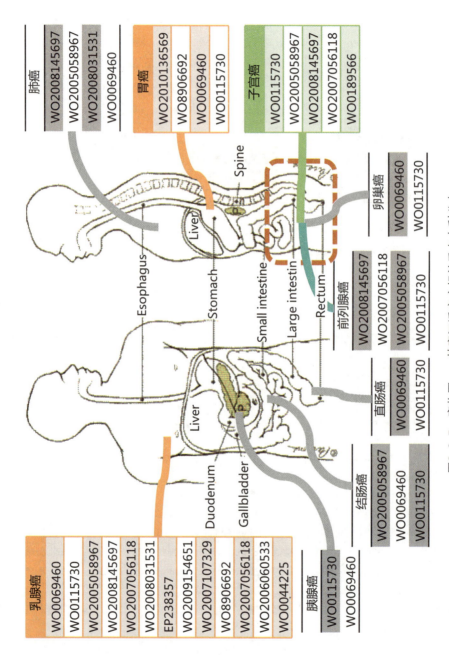

图3-3-5 实物图——赫赛汀适应症相关重点专利分布

肺癌
WO2008145697
WO2005058967
WO2008031531
WO0069460

胃癌
WO2010136569
WO8906692
WO0069460
WO0115730

子宫癌
WO0115730
WO2005058967
WO2008145697
WO2007056118
WO0189566

卵巢癌
WO0069460
WO0115730

前列腺癌
WO2008145697
WO2007056118
WO2005058967
WO0115730

直肠癌
WO0069460
WO0115730

结肠癌
WO2005058967
WO0069460
WO0115730

乳腺癌
WO0069460
WO0115730
WO2005058967
WO2008145697
WO2007056118
WO2008031531
EP238357
WO2009154651
WO2007107329
WO8906692
WO2007056118
WO2006060533
WO0044225

胰腺癌
WO0115730
WO0069460

Spine
Esophagus
Liver
Stomach
Small intestine
Large intestin
Rectum
Liver
Duodenum
Gallbladder

图3-3-5基于人体结构展示了赫赛汀适应症重点专利情况，其中黄色显示的适应症表示已通过多个国家审批，有上市产品，如乳腺癌、胃癌；绿色表示还在继续研发阶段，如子宫癌；灰色表示无后续报道，预计可能已经停止研发。黄色虚线表示生殖系统相关专利申请。从图3-3-5中可以看出，赫赛汀适应症重点专利中关于乳腺癌的专利申请数量最多，为17项，其次为子宫癌、前列腺癌、肺癌、胃癌、结肠癌等。

数据来源：EPOQUE数据库，检索日期为2013年7月28日。

## 二、系统树图——无形产品的专利布局

系统树图也可称作组织结构图、层级结构图。该图可用于描述数据群与数据群、概念与概念之间的关系，是对层次数据的一种可视化表达方式。最常见的系统树图是Word中的文档结构图、书籍的目录等（如图3-3-6所示）。

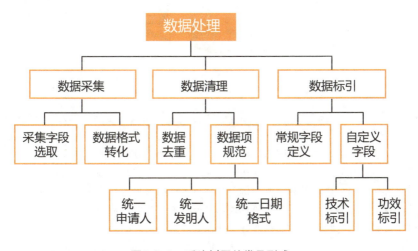

图3-3-6　系统树图的常见形式

系统树图多用于表示抽象概念之间的层次关系。因此，在专利分析的产品分析中可用于表现某一重点产品的关键技术分布状况。

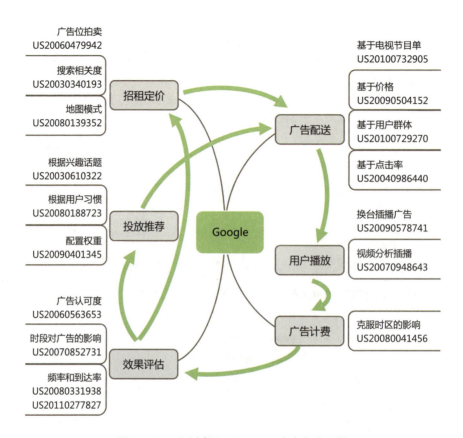

图3-3-7 系统树图——Google广告商业周期

图3-3-7展示了网络广告中的循环往复周期关系，又用树图的形式展示了各个环节的重要专利技术Google广告商业周期包括六个节点，依序是招租定价、投放推荐、广告配送、用户播放、广告计费和效果评估。在招租定价阶段中，广告商以竞标方式对关键词、视频时段和播放频率等形式的广告位进行定价和售卖。广告位拍卖之后，服务器在配送前会根据视频内容、观众喜好等选择要推荐给用户的广告。选择方式是多角度的，包括用户的主动选择、依据节目进行选择等。选择好广告之后就是配送广告，配送的广告会发送到用户端并进行播放显示。广告播出后就可以对广告商计费。广告播出的同时，还会对广告效果进行评估。

改编自：杨铁军.产业专利分析报告（第13册）：智能电视[M].北京：知识产权出版社，2013：136-138.

# 第四节 重点技术专利分析

本节介绍的重点技术是指通常情况下不专门针对某一特定产品，即无法通过某一具体产品明确定义的技术。对于这类重点技术，在专利分析中会分析技术发展路线、技术功效、重点专利、主要申请人／发明人等。对于技术发展路线、技术功效以及主要申请人／发明人等的分析在本书相关章节均有介绍，本节不再重复，主要介绍重点专利分析，分析主要集中在对该重点技术的技术分布研究，以及对该重点技术包含的各级技术分支所涉及的重要专利的研究。

当表示重点技术的技术分布时，体现的是技术的层级关系，用系统树图表示，图表设计过程中要考虑到重点技术分析中往往要给出不同技术分支涉及的重要专利，此时要选取系统树图中既能表现层级关系又适合体现较多信息的表达形式。当仅须给出重要专利的列表时，就采用最简单基础的表格形式来表示。

**系统树图**

表现重点技术的技术分布以及具体技术分支涉及的重点专利

**表格**

详细列出重点专利的各项信息

# 一、系统树图——用层级关系表现重点技术的技术分布

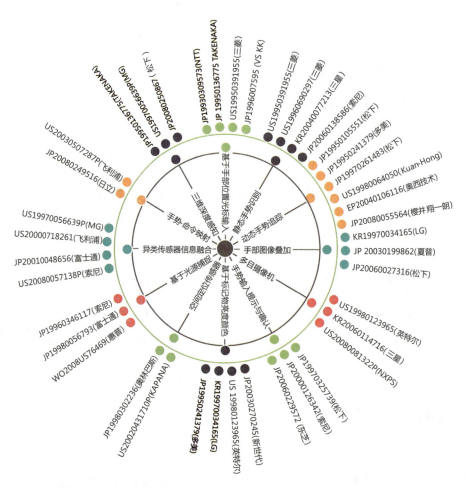

图3-4-1　系统树图（节点—链接树）——手势遥控技术重要专利分布

图3-4-1展示了手势遥控技术的十二个技术手段及对应的技术专利：位于中心的圆点表示手势遥控技术，向外辐射的圆点代表进一步细分的十二个技术手段，继续向外辐射的圆点表示技术手段对应的基础专利。这种展示方式层级关系清晰，让读者一目了然。

数据来源：杨铁军.产业专利分析报告（第13册）：智能电视[M].北京：知识产权出版社，2013：2.

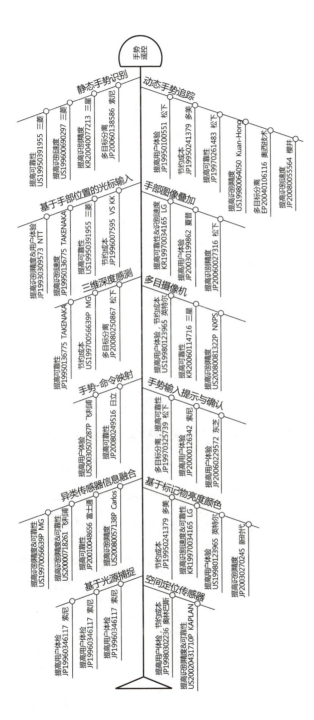

图3-4-2 系统树图（鱼骨图）——手势遥控技术重要专利分布

图3-4-2的数据与图3-4-1的数据相同，采用了鱼骨图的形式展示。鱼骨图是用于发现问题"根本原因"的分析方法，它的本意是用于逐条分析问题，得出最佳结论。但在表示重点技术的技术分布时可以借用鱼骨图图表示该重点技术及构成该分支技术要素（技术实现方式），对于每一个技术实现方式中的每十二个具体的技术实现方式。从图中可看出，手势遥控技术由静态手势识别、动态手势追踪、手部图像叠加等一个分支列出来的技术优先点在于优点在于优点上。鱼骨图的一个优点在于每口类装置的图像识别系统的技术开始经历"手势识别方法""物体运动识别方法"等技术的发展利用"用于手势运动装置"技术从松下1995年的JP1995010551接口类装置的图像识别系统的技术开始经历"手势识别方法""物体运动识别方法"等技术的发展利用"用于手势运动装置"技术。

因此，鱼骨图具有层级关系清晰，技术路线表达准确的特点。

图片来源：杨铁军.产业专利分析报告（第13册）：智能电视[M].北京：知识产权出版社，2013：彩图2.

## 二、表格——重点专利清单

专利分析中针对重点技术通常要分析该领域的重点专利，重点专利对于借鉴创新思路、修正产品方案、梳理所属技术领域的技术发展路线和发展方向、规避诉讼风险，甚至是制定专利交易谈判策略、许可费率计算等方面都具有重要意义。根据对重点专利的使用目的不同，重点专利清单所包含的项目有所不同，但基本包含专利申请号/公开号、技术主题（通过阅读重点专利提取发明点）、申请日、法律状态、公开国家以及被引证频次等。当需要考虑重点专利的市场价值时，该专利的转让历史也可以作为重点专利的参考指标列在表格中。对于某些特殊领域，比如医药领域，当重点技术对应有重点产品时，还可以加上对应药品的生产批号等。使用表格的优点在于表达信息充分，可以根据重要专利的分析目的拓展其所涵盖的指标。

表3-4-1给出的重要专利是指在氧化物TFT技术领域受关注程度高、国内企业规避难度较大、最具有代表性的基础性专利。重要专利筛选时考虑：(1)专利绝对被引证频次排名前50位；(2)专利相对被引证频次排名前80位；(3)具有美、日、中、韩、欧五局同族专利；(4)企业合作申请；(5)专利处于有效状态；(6)在该领域公认是重要技术或前沿技术。通过上述条件筛选出167项，请行业内的技术专家进行分析，最后得到代表性专利目录35项，表3-4-1中仅截取出6项。

表3-4-1　氧化物TFT全球代表性专利节选

| 序号 | 公开号 | 优先权日 | 申请人 | 进入国家或地区 | 技术要点 | 技术分支 | 法律状态 | 重要等级 |
|---|---|---|---|---|---|---|---|---|
| 1 | CN101263605 | 2005-09-16 | 佳能 | JP、EP、CN、KR、TW、US、RU | 场效应晶体管包括In和Zn的氧化物半导体材料沟道，限定原子组成的比率，其中In和Ga可以包括在氧化物里，也限定了原子组成比率 | 沟道材料 | CN复审、TW授权、KR授权 | ★★★ |
| 2 | CN101350313 | 2007-07-16 | 三星 | EP、US、CN、JP、KR | 制备IGZO活性层的方法，包括两种靶材，一种为In、Ga、Zn靶材，另外一种为In靶材。目的是增加In的比率 | 沟道工艺 | CN授权、KR授权、US授权 | ★★★ |
| 3 | CN101630692 | 2009-07-14 | 三星 | US、EP、JP、CN、KR | 双层沟道，上层和下层的迁移率不同，由不同的氧化物材料形成。可根据两层沟道参数调整得到满足目标特性的器件 | 沟道工艺 | 未决 | ★ |
| 4 | CN101310371 | 2006-02-15 | 日本高知产业振兴中心卡西欧 | US、EP、JP、CN、KR、TW | 半导体器件的制造方法，限定氧化锌取向 | 沟道材料 | CN授权、KR授权、US授权 | ★★ |
| 5 | CN1853278 | 2004-01-23 | 惠普 | US、EP、KR、CN、TW、IN | 具有三元化合物ZTO沟道，应用备选材料，迁移率高 | 沟道工艺 | CN授权、IN授权 | ★★ |
| 6 | CN1930692 | 2004-03-12 | 惠普 | US、EP、CN、KR、JP、TW | IGO沟道，应用备选材料，迁移率高 | 电极 | CN授权、US授权、KR授权 | ★★ |

表格来源：杨铁军.产业专利分析报告（第12册）：液晶显示[M].北京：知识产权出版社，2013.

# 第四章　申请主体分析

申请主体主要包括工矿企业、科研院所、高校、个人、事业单位以及多个专利申请人形成的产业共同体，诸如专利联盟、产业联盟等。通过对申请主体的分析，可以挖掘重要市场主体，例如，行业内的领军企业和重要竞争对手，进而分析出自身与竞争对手在技术及市场中的优势与差距。

申请主体分析主要包括确定重要市场主体，分析市场主体的专利区域分布、重点技术、重要产品、研发团队、专利技术合作、技术引进、企业并购、专利诉讼分析和竞争对手等。本章主要选取了较有代表性的研发团队、专利技术合作、专利诉讼和企业并购四种分析内容，介绍其主要的数据关系和相应的图表形式。申请主体分析中其他的分析内容，诸如市场主体的专利地域分布、重要产品和重点技术分析的图表形式可以分别参考第二章第三节和第三章第三节、第四节。

## 第一节　研发团队分析

　　研发团队是研发过程中的创新单元，是合作完成技术创新的多个发明人的集合体。研发团队分析包括发明人之间的合作关系分析、发明人个体的比较分析等，以挖掘出行业内的重要发明人。研发团队分析的主要图表展现形式有条形图、弦图（Chord）、力导布局图（Force）和散点图，其中条形图通常用来展示发明人的申请量／授权量／有效量／多边申请量的排名，已在第二章中有所介绍，因此，本节主要介绍弦图、力导布局图和散点图。

| 弦图 | 力导布局图 | 散点图 |
| --- | --- | --- |
|  |  | 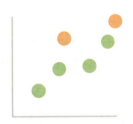 |
| 用于展示多个发明人之间的合作关系，适用于发明人较少的情况 | 用于展示多个发明人之间的复杂合作关系，适用于发明人较多的情况 | 多用于专利组合分析[①]中发明人层面的分析，用于展示不同发明人的专利活动和专利质量的对比 |

　　① 专利组合分析是指通过建立能够衡量专利潜在价值的一系列定性和定量指标，对不同国家、地区、企业、专利权人、发明人等的技术创新情况进行比较分析，从而评估上述主体的技术发展状况和实力。具体参见：肖沪卫．专利地图方法与应用 [M]．上海：上海交通大学出版社，2011：181-192．

## 一、弦图——少量发明人的合作网络

弦图可以视为表格数据的可视化，可表达多个节点间的连结关系，即表达多个对象之间的关联关系。参见图 4-1-1，圆周上的片段 A ~ F 分别对应于表格中的行 A ~ C 和列 D ~ F，圆圈中连接圆周片段的半透明色带则代表表格中的数字，数字越大，则色带越粗，表明其连接的两个对象之间的关联关系越密切,在研发团队分析中,表明发明人之间的合作越密切。[①]弦图可通过 D3.js[②] 或 ECharts[③] 实现。

|   | D | E | F |
|---|---|---|---|
| A | 2 | 3 | 5 |
| B | 5 | 10 | 7 |
| C | 8 | 12 | 15 |

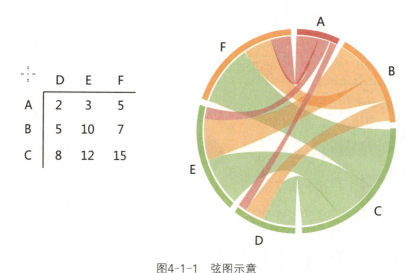

图4-1-1　弦图示意

图片来源：[EB/OL].[2015-12-01]. http://img1.imgtn.bdimg.com/it?u=3609566858，254129183&fm=21&gp=0.jpg.

① 更多关于弦图的信息，可以参见 http://circos.ca/guide/tables/。
② 全称 Data-Driven Documents，是广泛应用的数据可视化工具之一。
③ ECharts 是百度推出的开源免费图表库，提供直观生动、可交互、可定制的可视化工具。

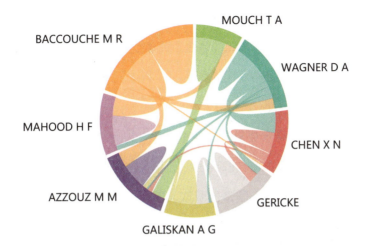

图4-1-2 弦图——福特安全车身领域主要发明人合作网络

图4-1-2展示了福特安全车身领域主要发明人共同申请专利的情况。从图中可以看出，WAGNER D A与CHEN X N之间的"弦"最粗，表明这两个发明人之间的合作最为紧密，此外在这个发明人团队中还存在其他多对合作关系，例如，BACCOUCHE M R和MAHOOD H F、MOUCH T A和AZZOUZ M M等。

改编自：杨铁军. 产业专利分析报告（第9册）：汽车碰撞安全[M]. 北京：知识产权出版社，2013：172.

## 二、力导布局图——大量发明人的合作网络

力导布局图是一种用来呈现复杂关系网络的图表。在力导布局图中，系统中的每个节点都可以看成是一个放电粒子，粒子间存在某种斥力。同时，这些粒子间被它们之间的"边"所牵连，这些"边"使粒子之间产生引力。系统中的粒子在斥力和引力的作用下，从随机无序的初态不断发生位移，逐渐趋于平衡有序的终态，这就是力导向布局算法的直白描述。力

导布局图可通过 Many eyes[①]、Gephi[②]、Echarts 实现。

与弦图相同的是，力导布局图也是用来表达多个对象之间的关联关系。但是，相对于弦图，力导布局图有如下两个特点。

1. 呈现复杂关系网络

力导布局图能够展示更复杂的关联关系。从图表的设计结构上来看，弦图的多个对象均是分布在其圆周上，如果分布在圆周上的对象过多，排列过密，会影响读者对图表信息的获取，而此时利用力导布局图则能更好地展示相关关系。

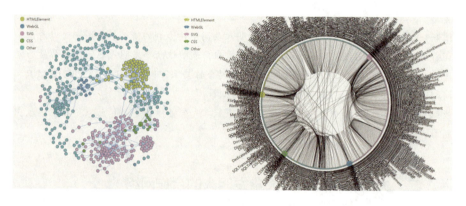

图4-1-3　力导布局图和弦图的对比——WebKit内核依赖

图4-1-3中的两张图均展示了相同的数据，但是效果却完全不同。当对象特别多时，采用弦图使得所有对象均排列在圆周上，而导致文字挤压在一起，影响图表的可读性，但用力导布局图则能解决上述问题。

图片来源：[EB/OL].[2015-12-01]. http://echarts.baidu.com/doc/example.html.

---

① Many eyes 是一个在线的可视化平台，带有一系列交互式的可视化工具，由 IBM 研究院的视觉通信实验室（Visual Communication Lab）和 IBM Cogons 软件集团所创建。

② Gephi 是一款开源免费的复杂网络分析软件，其主要用于各种网络和复杂系统，动态和分层图的交互可视化与探测开源工具。

2. 寻找关键发明人

当采用弦图来展示多个对象的关联关系时，很难看出谁是这些关系中的核心，而采用力导布局图能够迅速发现这种关联关系的核心。

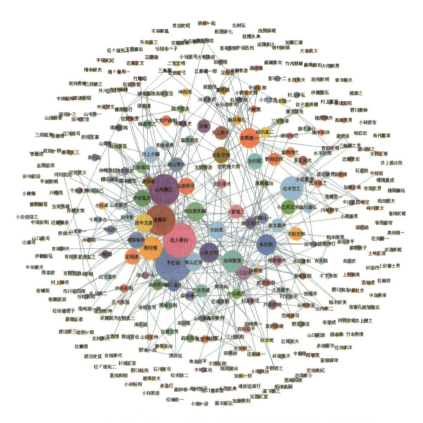

图4-1-4　力导布局图——东丽碳纤维领域主要发明人合作网络

图4-1-4展示了东丽碳纤维领域主要发明人的专利申请合作关系，图中圆圈大小表示该发明人专利申请量的多少，圆圈的远近程度表示各发明人之间共同申请专利量的多少。从图中可以看出，东丽最重要的发明人包括平松彻、松久要治、山崎胜己、远藤真、松本忠之等，其中平松彻、松久要治、山崎胜已、远藤真的距离较近，合作关系紧密，都属于聚丙烯腈基碳纤维生产工艺的研发团队，而松本忠之则与这些发明人距离较远，他主要带领粘胶基碳纤维的研发团队。

数据来源：EPOQUE数据库，检索日期为2012年5月25日。

## 三、散点图——发明人的实力对比

散点图，也称 XY 散点图，用于显示若干数据系列中各数值之间的关系，根据点的位置反映数据间的相关关系和分布关系。散点图多应用于专利组合分析中，例如，用于基于发明人的专利组合分析模型[①]中。该模型用专利品质（Patent Quality）和专利活动（Patent Activity）两个维度将发明人分为四种类型。以专利品质为纵坐标，以专利活动为横坐标来绘制散点图，可以通过这些散点的位置不同对发明人进行实力对比。

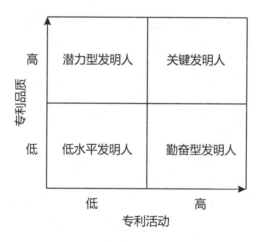

图4-1-5  散点图——基于发明人的专利组合分析模型

---

发明人的专利组合分析模型中将发明人分为四类："专利活动多、专利品质高"的关键发明人、"专利活动多、专利品质低"的勤奋型发明人、"专利活动少、专利品质高"的潜力型发明人、"专利活动少、专利品质低"的低水平发明人四种类型，其中关键发明人可以引导公司的技术方向，是不可或缺的人力资源，是人才引进时的首选对象，潜

---

① 专利组合分析模型主要包括以下四类：（1）基于技术领域的专利组合分析模型；（2）基于企业的专利组合分析模型；（3）基于发明人的专利组合分析模型；（4）专利—市场—体化的专利组合分析模型。

力型发明人虽然经验不如关键发明人，但极有可能成为公司未来发展的关键发明人，是应当重点培养的人才。

数据来源：李小丽. 基于专利组合分析的技术并购对象甄选研究：美国生物制药技术型企业的实证[J]. 情报杂志，2009，28（9）：1-6.

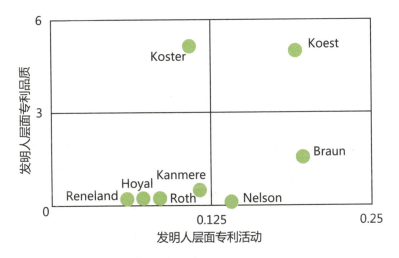

图4-1-6 散点图——Sequeno的主要发明人人力资源层面的专利组合分析

图4-1-6展示了Sequeno这家美国生物制药技术型企业主要发明人的专利组合分析。从图中可以看出，Koest为专利活动多、专利品质高的关键发明人，Koster为专利活动少、专利品质高的潜力型发明人。对其他企业而言，需要人才引进时，可考虑将这两位发明人招入麾下。

数据来源：李小丽. 基于专利组合分析的技术并购对象甄选研究：美国生物制药技术型企业的实证[J]. 情报杂志，2009，28（9）：1-6.

## 极坐标系下的文字散点图

极坐标系下的文字散点图是由散点图进阶发展变化而来的一种图表形式，如下图所示，散点图利用点的横纵坐标来表示二维的数据关系；气泡图则加入气泡大小来表示第三维数据；垂直坐标系下的文字散点图将气泡换成文字，并将合作较为紧密的发明人的名字写在一起，表征发明人之间的合作紧密程度；极坐标下的文字散点图则是将文字散点图的垂直坐标系换成极坐标系，以使图表元素的排布更加美观。

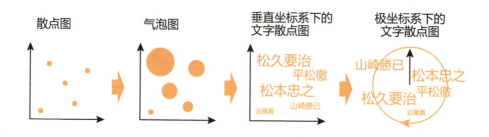

因此，在这种极坐标系下的文字散点图并不常规，但其可以表达技术领域、时间趋势、发明人及其重要性、发明人合作关系的多维度信息，我们也可以认为它是一种综合的信息图。如图4-1-7所示。

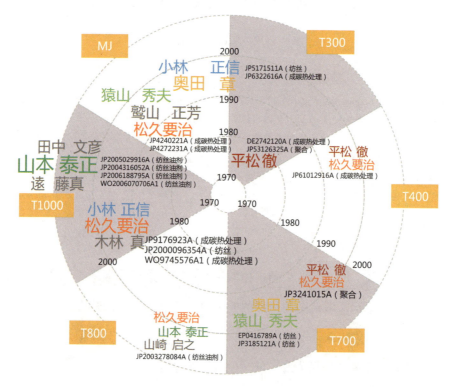

图4-1-7 极坐标系下的文字散点图——东丽PAN基碳纤维发明人罗盘

图4-1-7反映了东丽PAN基碳纤维的主要发明人与东丽的主要碳纤维产品及时间的关系。罗盘中的每一个扇区代表东丽的一种碳纤维牌号，从碳纤维性能不断提高的T300到T1000以及MJ系列。罗盘由内到外的圆圈代表年份，最内圈是1970年，然后依次是1980年、1990年、2000年、2010年。发明人的姓名文字所在的位置代表了其研发的碳纤维牌号，及其研发该碳纤维牌号的时间（即该牌号碳纤维的相关授权专利的申请时间），发明人名字的大小代表该发明人的重要程度（即该发明人的相关授权专利的数量），发明人名字的紧密程度反映了发明人的技术合作程度（即合作申请越多，其位置越紧密）。从图中可以看出，东丽的T300由平松徹作为主要发明人研发，随后平松徹带领松久要治研发了T400和T700，同时T700的研发中又加入了另一个研发团队奥田章和猿山秀夫。平松徹在T700以后就没有再进行研发，而松久要治则成为后面几代碳纤维产品的重要研发人员。随后在T800和T1000的研发中出现了又一个重要发明人山本泰正，其主要涉及的技术领域是对纺丝油剂的研究。

摘自：杨铁军. 产业专利分析报告（第14册）：高性能纤维[M]. 北京：知识产权出版社，2013：153-154.

## 第二节　实力比较分析

　　申请主体分析的一个重要环节就是进行申请人技术实力、专利实力的比较分析，从而了解企业所属行业的整体状况，以及企业自身所处的位置，由此为企业的经营决策提供信息支持。

　　申请主体的实力比较通常是对两个或多个申请人的专利技术实力进行比较。当对两个申请人比较时，可以采用百分比堆积柱形图、对比条形图和重叠技术功效气泡图；当对多个申请人比较时，可以采用南丁格尔玫瑰图组图、雷达图组图、散点图和气泡图来展示。其中百分比堆积柱形图、对比条形图和重叠技术功效气泡图在第二章和第四章中已经有所介绍，因此本节主要介绍南丁格尔玫瑰图、雷达图、散点图和气泡图。

### 南丁格尔玫瑰图

以组图形式出现，多维度比较多个申请主体的技术实力

### 雷达图

以组图形式出现，多维度比较多个申请主体的技术实力

散点图　　　　　　　　　　　　　　气泡图

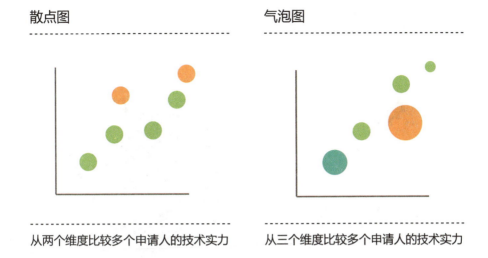

从两个维度比较多个申请人的技术实力　　从三个维度比较多个申请人的技术实力

## 一、南丁格尔玫瑰图——用面积多维度比较多个申请主体技术实力

　　玫瑰图，又称为极区图、鸡冠花图、循环直方图、风速玫瑰图。这种图最初的使用场合是在气象研究领域表达风向，并且被一直沿用至今。18世纪时，佛罗伦斯·南丁格尔用这种图来说服英国政府改善英国军队医院的伤病员护理条件，因此，此图后来也被称为"南丁格尔玫瑰图"，简称"玫瑰图"（见图4-2-1）。

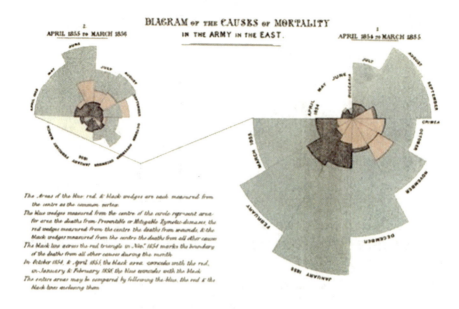

图4-2-1　南丁格尔玫瑰图

图4-2-1就是南丁格尔绘制的玫瑰图，此图对军队死亡的原因进行了分析，用色彩区分死亡原因：绿色代表由可预防的疾病引起的死亡，如霍乱和痢疾；红色代表战争中受伤造成的死亡；黑色代表其他原因造成的死亡。南丁格尔用这幅图说明恶劣的医疗环境是导致士兵死亡的严重问题。由此，在1855年伦敦召开的改善卫生条件会议上，议会通过了改善军营卫生条件的决议。

图片来源：[EB/OL].[2016-01-01]. http://wenku.yingjiesheng.com/office/Excel/3146.html.

　　和饼图所不同的是，南丁格尔玫瑰图用均分的圆弧代表不同类别，用不同的半径长度代表数量。其实，玫瑰图可以看成是，将一个柱形图的底边缩成一个点之后而形成的极坐标系下的柱形图。与柱形图相比，南丁格尔玫瑰图能够突出放大数据间的差异。柱形图从上到下都是同样的宽度，而南丁格尔玫瑰图是由内到外越来越宽，因此，数值越大的扇形，由于半径越长，其面积会比相同数值柱形的面积更大。读者在根据面积大小判断数值时，会下意识地放大数值之间的差异。因此，为了保证图表传递信息的可靠性，我们并不推荐用单一的南丁格尔玫瑰图来表示技术构成、区域分布等数据。

但是当需要对比多个国家或地区、多个申请人的技术构成时，可以采用南丁格尔玫瑰图的系列组图来表现这种多个申请主体之间的多维度比较。因为此时我们已经跳出了单一的玫瑰图，不再比较每一个扇形的大小，而是通过比较多个玫瑰的形状，发现它们之间的差异，如图 4-2-2 所示。

在图 4-2-2 的左下角首先展示了碳纤维增强热塑性树脂复合材料中涉及不同树脂基体的专利申请数量，让读者对每个技术分支的专利申请数量有了总体的印象。在图 4-2-2 的右边是以玫瑰图组图的形式展现了聚丙烯、聚酰胺、聚碳酸酯、聚苯硫醚等七种树脂基体复合材料来源国分布，此时由于每一种树脂基体的专利量差异比较大，玫瑰图每一个扇形如果要体现绝对数量，差异会非常大，会导致有些扇形面积会非常大（比如聚酰胺基复合材料的日本申请），而有些玫瑰图每一个扇形都非常小（比如代表聚醚醚酮的玫瑰图）。因此，在图 4-2-2 中，作者选择采用相对的百分比数值来作图，每一个玫瑰图的扇形面积代表该具体的树脂基体复合材料领域中，各国申请量占该领域总申请量的比例。另外，为了使图简化，作者在玫瑰图组图的上面添加了图例，指示每个扇形所代表的国家，这样就省去了在每个玫瑰图上标注重复的图例。

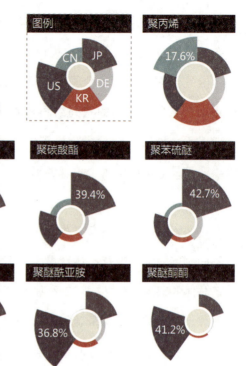

图4-2-2　玫瑰图组图——碳纤维增强热塑性树脂复合材料各技术分支
主要技术来源国对比

图4-2-2用玫瑰图的组图展示了碳纤维增强热塑性树脂复合材料各技术分支的主要技术来源国分布情况。从图中可以看出，在以聚酰胺、聚碳酸酯、聚苯硫醚基这些多用于民用领域的树脂为基体的碳纤维复合材料中，日本的申请量最多。而以聚醚醚酮、聚醚酰亚胺、聚醚酮酮这些高性能的、新兴的树脂为基体的研究，是美国的重点方向。而中国较其他国家更具优势的领域是碳纤维增强聚烯烃复合材料。看来，日本着力民用，美国专攻军工，中国还应该在高性能树脂方面多下功夫才行。

## 二、雷达图——用形状多维度比较多个申请主体技术实力

雷达图，又称戴布拉图、蜘蛛网图，可以视为一种头尾相连的折线图。雷达图以距离中心点的距离来衡量数值的大小，分布在不同角度上的数据

点通过线条连接起来，根据其外形轮廓来传递出意义。雷达图最初用在财务分析领域，表现某一公司的各项财务分析所得的数字或比例。雷达图显示出各个数据系列中的数值相对于中心点的变化情况，可用于同时比较多个数据系列的值的大小。就像南丁格尔玫瑰图可以看成是底边缩成一个点的柱形图，雷达图也可以认为是底边缩成一点的折线图。

雷达图在专利分析中可以用于展现多个国家或地区、多个申请人在专利技术实力上的多维度比较，如图4-2-3所示。

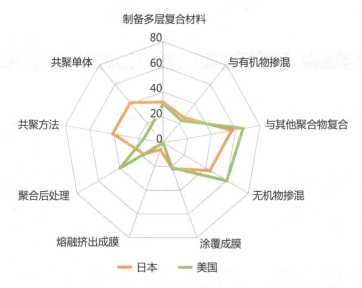

图4-2-3　雷达图——全氟磺酸树脂膜领域美、日研发重点对比

图4-2-3采用雷达图展示了全氟磺酸树脂膜领域美、日两国的研发重点对比。我们可以看到日本和美国共同关注与其他聚合物复合、无机物掺混两种技术手段，而都不太关注与有机物掺混、熔融挤出成膜。两国研发侧重点的差异在于，日本更关注共聚单体和共聚方法，而美国更关注聚合后处理。

改编自：杨铁军. 产业专利分析报告（第26册）：氟化工[M]. 北京：知识产权出版社，2014：135-136.

当一张雷达图中折线太多时，会使观众很难辨认每一条折线，因此，可以把雷达图做成系列组图，如图 4-2-4 所示。此时雷达图组图的作用与南丁格尔玫瑰图组图相似，通过封闭折线的形状或面积来展现不同主体多维度的比较。

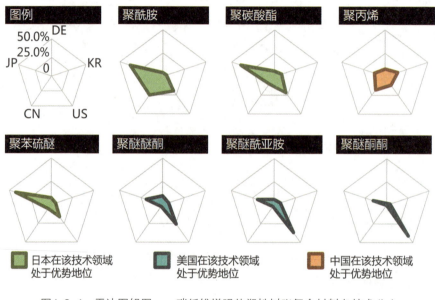

图4-2-4　雷达图组图——碳纤维增强热塑性树脂复合材料各技术分支主要技术来源国对比

图4-2-4是将图4-2-2的南丁格尔玫瑰图的数据用雷达图组图的形式展现，绿色表示日本在碳纤维增强聚酰胺、聚碳酸酯和聚苯硫醚基复合材料技术领域处于优势地位，蓝色表示美国在碳纤维增强聚醚醚酮、聚醚酰亚胺和聚醚酮酮基复合材料领域处于优势地位，橙色表示中国在碳纤维增强聚丙烯基复合材料领域处于优势地位。

## 三、散点图——多申请人的二维数据比较

散点图可应用于专利组合分析中基于企业的专利组合分析模型。如图4-2-5所示,该图中横坐标代表企业的专利活动,纵坐标代表企业专利质量,

根据企业在这两个维度中的位置，对企业进行实力对比，将企业分为技术领导者、潜在技术竞争者、技术活跃者和技术落后者四种类型。

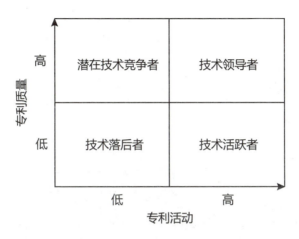

图4-2-5 散点图——基于企业的专利组合分析模型

图4-2-5将该坐标系分为四个区域：专利活动多且专利质量高的技术领导者，专利活动不高但拥有高质量专利的潜在技术竞争者，专利活动多但专利质量不高的技术活跃者，专利数量和质量都很差的技术落后者。技术领导者是具有较强的技术研发能力且具有很高的专利质量，是行业的领导者，也是企业应该效仿和学习的对象。潜在技术竞争者，目前专利数量不太多，但由于质量好，所以仍然具有竞争能力，对此类企业应研究其技术侧重点，对其进行新技术的监测，可以根据企业自身的技术战略选择与其在某些领域合作。技术活跃者，虽然目前专利活动频繁，但专利质量不高，属于技术跟随者。技术落后者由于拥有较少的专利活动且专利质量不高，其目前在市场上处于落后地位。

数据来源：李小丽.基于专利组合分析的技术并购对象甄选研究：美国生物制药技术型企业的实证[J].情报杂志，2009，28（9）：1-6.

图4-2-6　散点图——美国生物制药技术型企业的专利组合分析

图4-2-6展示了美国生物制药领域专利申请量前25位的技术性企业的专利组合分析。该
矩阵将25家技术企业区分为四类：技术领先者（右上角）、技术落后者（左下角）、
技术潜力者（左上角）、技术追随者（右下角）。技术领先者和技术潜力者是技术并
购的主要对象。由图4-2-6可知，Oscient、Luminex、Synbiotics、Dunavax、Atherog、
Immunog、Onyx、Repligen和Sequeno应列入技术并购的重要候选对象。

数据来源：李小丽. 基于专利组合分析的技术并购对象甄选研究：美国生物制药技术型
企业的实证[J]. 情报杂志，2009，28（9）：1-6.

　　当然，我们也可以自己定义散点图的横纵坐标（比如横纵坐标可以是
专利实力、市场规模、申请量、授权量、申请量增长幅度等），对多个对象（如
申请人、发明人、国家或地区、技术领域）的实力进行对比，如图 4-2-7
所示，其展示了汽车用碳纤维复合材料领域的主要申请人的申请总量和近
五年申请量的情况。

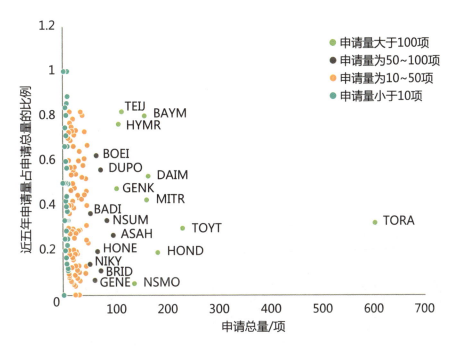

图4-2-7 散点图——汽车用碳纤维复合材料领域主要申请人实力比较

图4-2-7展示了汽车用碳纤维复合材料领域主要申请人的申请总量及近五年申请量情况。横坐标表示各申请人的申请总量，纵坐标表示各申请人近五年申请量占其申请总量的比例。从申请总量上来看，东丽（TORA）作为碳纤维行业的领军企业，在汽车用碳纤维复合材料这一应用领域的申请量仍然遥遥领先，其次是以丰田（TOYT）、本田（HOND）、宝马（BAYM）、戴姆勒（DAIM）为代表的整车企业的申请总量。从近五年的申请总量占比来看，帝人（TEIJ）、宝马（BAYM）和现代汽车（HYMR）不仅申请总量较大，而且近五年申请量占总量的比例也较大，都在80%左右，说明这几家企业近五年在汽车用碳纤维复合材料领域的研发活跃度较高，值得关注。

数据来源：EPOQUE数据库，检索日期为2015年8月12日。

## 四、气泡图——多申请人的三维数据比较

气泡图是散点图的一种特殊子类型，其在散点图表现的两个数据维度上加入了第三数据维度，即气泡的大小。

如果图 4-2-7 中还要加入第三个数据维度：各申请人的合作申请量，就可以采用气泡图的形式，用气泡的大小代表各申请人的合作申请量，如图 4-2-8 所示。

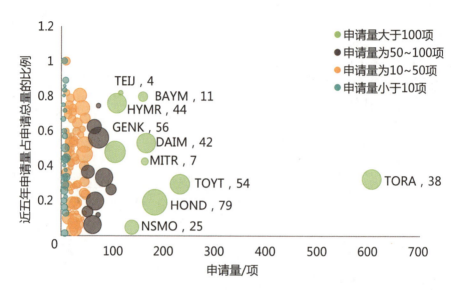

图4-2-8 气泡图——汽车用碳纤维复合材料领域主要申请人实力比较

注：气泡大小代表该申请人的合作申请量，申请人名称后数字代表该申请人合作申请量多少。

在图4-2-8中，横坐标表示各申请人的申请总量，纵坐标表示各申请人近五年申请量占其申请总量的比例，气泡的大小表示各申请人的合作申请数量，数据标签中的数字代表的是该公司的合作申请量。从图中可以看出，汽车用碳纤维复合材料领域的主要申请人，如东丽（TORA）、丰田（TOYT）、现代汽车（HYMR）、戴姆勒（DAIM）、本田（HOND）等都有较多合作申请，说明这一领域的产业链长，技术复杂程度高，需要产业链上下游企业的合作，才能实现技术突破。

数据来源：EPOQUE数据库，检索日期为2015年8月12日。

# 第三节　专利合作申请分析

专利技术合作的常见形式是合作申请，因而专利技术合作分析主要包括申请人之间的合作关系分析，以挖掘核心申请人、寻找技术研发的合作伙伴以及探索实现创新的机制。专利技术合作分析的主要图表形式有力导布局图、弦图和系统树图。

## 力导布局图

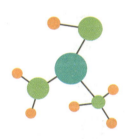

用于展示多个申请人之间的复杂合作关系，适用于申请人较多的情况

## 弦图

用于展示多个申请人之间的合作关系，适用于申请人较少的情况

## 系统树图

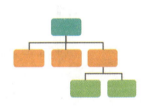

用于分析某一重点申请人合作申请的技术领域

## 一、力导布局图——大量申请人的合作网络

表示申请人合作网络的力导布局图与研发团队分析的力导布局图相似，将某一领域的所有申请人的合作申请用力导布局图展示，可以表现出该领域极复杂的合作申请状况，也很容易识别该领域中合作申请人的核心主体。

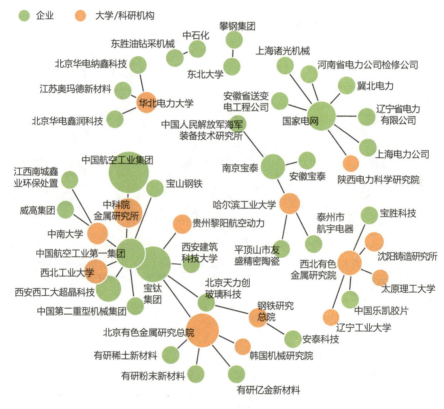

图4-3-1　力导布局图——钛合金领域中国专利技术合作状况

图4-3-1展示了我国钛合金领域多个申请人的技术合作复杂状况，圆圈大小代表这些申请人的合作申请量多少。从图中可以看出，我国钛合金领域的技术合作形成了以宝钛集团、中国航空工业集团以及北京有色金属研究总院、中科院金属研究所为主的合作体系。

数据来源：CNPAT数据库，检索日期为2014年8月20日。

## 二、弦图——少量申请人的合作网络

弦图所表现的数据关系与力导布局图相似，但是由于构图上的局限，多用来展示少数几个主要市场主体的合作申请。

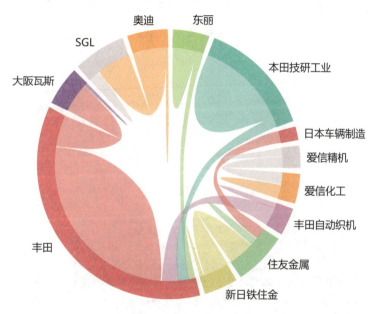

图4-3-2 弦图——碳纤维复合材料汽车轻量化领域合作申请分析

图4-3-2展示了碳纤维复合材料汽车轻量化领域中多个申请人的专利合作申请情况。从图中可以看出，这一领域的申请人覆盖了碳纤维的整个产业链，既有碳纤维的制造企业，如东丽；也有碳纤维复合材料的生产企业，如SGL；还有应用碳纤维复合材料的整车企业，如丰田等，这些处在产业链不同位置的企业在该领域有着密切的合作，如SGL和奥迪、东丽和丰田等。

数据来源：EPOQUE数据库，检索日期为2015年8月25日。

## 三、系统树图——合作领域的技术分解

在本书第三章第三节中已经对系统树图的概念作了介绍。在分析某一特定申请人与其他市场主体的专利技术合作时，如果要进一步分析该申请人在哪些具体的技术领域进行了合作，就会涉及技术或是产业链的进一步细分，此时需要体现出数据的层级关系，系统树图就是一种很好的图表选择。

图4-3-3展示了东丽在碳纤维及其复合材料领域的合作申请的技术领域分析。东丽是全球碳纤维生产的领军企业。东丽的碳纤维专利申请可以分成三大技术分支：生产工艺、复合材料、应用。生产工艺进一步细分为气相生长、油剂、表面处理三个二级技术分支；复合材料进一步细分为树脂基、碳基、其他三个二级技术分支；应用进一步细分为土木、电池、医疗、汽车、能源、其他六个二级技术分支。图中气泡的大小表示在该二级技术分支中合作申请量的多少。气泡再往外拉出文字表示东丽与某企业的合作申请，线条边的数字代表合作申请的数量。东丽虽然在碳纤维整个产业链上均有与其他企业的合作，但是合作申请的比例相对较少。在上游碳纤维的生产领域，其仅仅是与设备生产商合作研究生产设备，与大学研究气相生长碳纤维的前沿技术，而核心的碳纤维生产技术并没有任何合作申请。但东丽在碳纤维产业链的下游领域、碳纤维复合材料及其制品的应用领域相对有较多申请，大多与其下游客户进行合作，开发碳纤维复合材料的新应用。

摘自：杨铁军.产业专利分析报告（第14册）：高性能纤维[M].北京：知识产权出版社，2013：154-155.

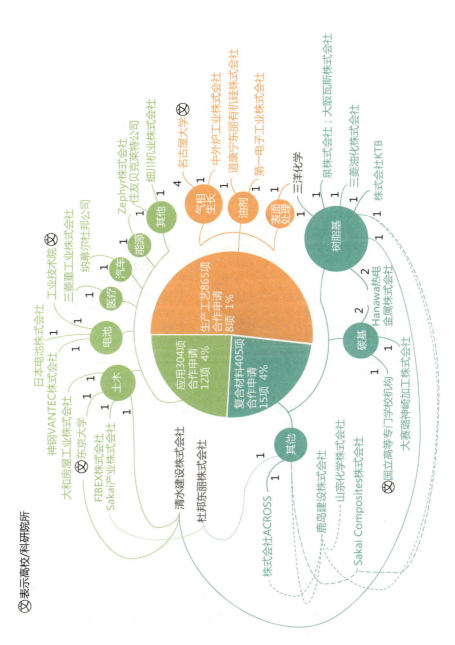

图4-3-3　系统树图——东丽在碳纤维及其复合材料领域的合作申请分析

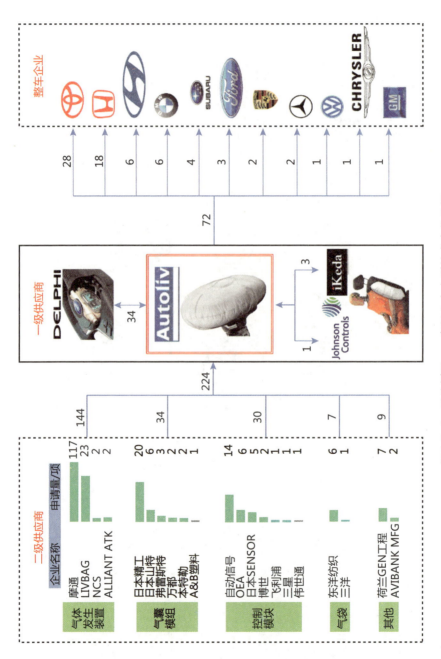

图4-3-4 系统树图——奥托立夫专利技术合作分析

图4-3-4展示了在安全气囊产业链上，奥托立夫与其上下游企业的专利合作申请状况。奥托立夫是汽车安全气囊领域的领头企业，无论在北美、欧洲、亚太、印度和南美市场都居于霸主地位。奥托立夫的专利申请中包含大量的合作申请，合作申请总量为334项，涉及安全气囊的各技术分支，合作申请的对象包括了多家上游二级供应商和下游整车企业，甚至同行业的竞争对手。这些合作申请对象几乎涵盖了安全气囊的整个产业链，在地域分布上也非常广泛，从一定程度上说明了专利合作申请对于整合产业链的推动作用。奥托立夫通过大量的专利合作申请将其与上下游企业紧密联系，从而对技术链中的各个关键环节均有所掌握，产业上布局全面，实现了价值链的优化配置。

摘自：杨铁军. 产业专利分析报告（第9册）：汽车碰撞安全[M]. 北京：知识产权出版社，2013：110.

# 第四节　专利诉讼分析

　　专利诉讼分析通常包括分析某一领域多个市场主体之间的诉讼关联关系，梳理几个市场主体围绕焦点案件的诉讼进程，从而获知某一领域的巨头们在技术争端、市场争端和发展战略争端的焦点所在；诉讼双方发起专利诉讼的目的、专利策略和知识产权战略。专利诉讼分析的主要图表形式有非缀带弦图和线性进程图。

## 非缀带弦图

用于展示多个市场主体之间的诉讼关联关系

## 线性进程图

用于展示几个市场主体围绕焦点案件的诉讼进程

## 一、非缎带弦图——市场主体之间的诉讼网络

非缎带弦图，顾名思义就是标准弦图一种特殊变形，即将粗细不同的缎带变成粗细一致的线条。

诉讼专利分析中不同主体之间的关联数据与研发团队分析和专利技术合作分析中的关联数据有所不同。在研发团队和专利技术合作分析中，关联数据包括了多个发明人或申请人之间的合作申请的数量，在弦图中以缎带宽度表示，在力导布局图中以气泡之间的远近表示。在专利诉讼分析中，诉讼次数并非表达的重点，市场主体之间的不同关系（如诉讼、反诉、许可、合作等）则为表达的重点，因此缎带宽度失去了意义，此时可选择非缎带弦图，以线条的颜色或形状的不同来表示这些关系。

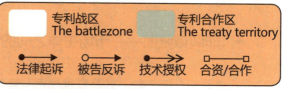

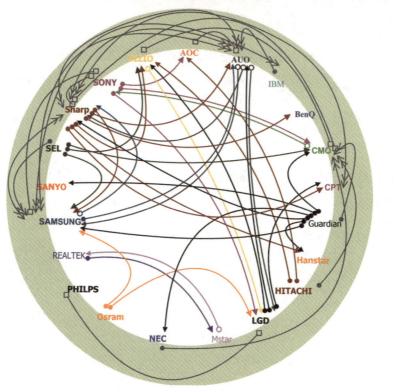

图4-4-1 非缎带弦图——液晶显示行业专利博弈图

图4-4-1示出了液晶显示行业主要专利申请人间的专利博弈关系，其中既包括行业直接竞争者之间的诉讼，比如夏普和三星之争、瑞昱半导体和晨星半导体之争等，也包括行业合作者之间的诉讼，比如北美电视品牌VIZIO与其他面板提供商LGD之间的纠纷，玻璃基板制造商Guardian与奇美、夏普、三星等面板制造厂商之间的纠纷。

摘自：杨铁军. 产业专利分析报告（第12册）：液晶显示[M]. 北京：知识产权出版社，2013：230.

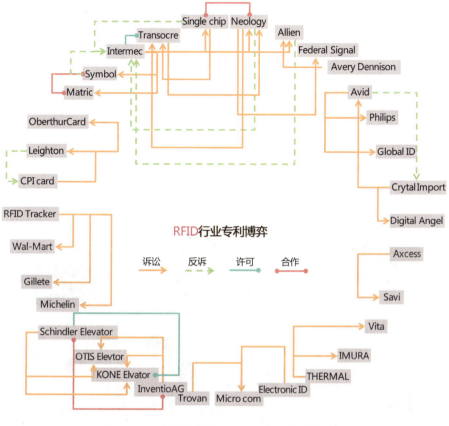

图4-4-2 非缎带弦图——RFID行业专利博弈图

图4-4-2展示了RFID行业在美国的专利博弈格局。RFID行业内专利博弈格局具有以下几个特点：（1）涉及企业多。仅美国境内RFID行业内专利诉讼大战就吸引了35家企业卷入其中。（2）规模多极化。RFID行业内专利诉讼既包括扭成一团的主战场，也存在单打独斗的分战场。（3）技术类型多样化。RFID行业涉及芯片、标签、阅读器以及天线等关键技术，也包含仓储、物流、管理、医疗等众多应用。（4）诉讼主体化。RFID产业内各厂商之间的技术合作或技术许可较少，更多的是利用自身的专利武器来抢夺市场，占据先机。即使之前有技术合作的，也由于市场利润的诱惑而反目。

改编自：杨铁军. 产业专利分析报告（第11册）：短距离通信[M]. 北京：知识产权出版社，2013：186-187.

## 二、线性进程图——焦点事件诉讼进程

　　线性进程图是以时间或事件发展顺序为轴，表达几个市场主体围绕焦点事件诉讼进程的图表形式。当诉讼涉及两方主体时，可采用单根时间轴，在时间轴的两侧分别展示诉讼双方的行动。当诉讼涉及三方以上时，可采用多根时间轴。

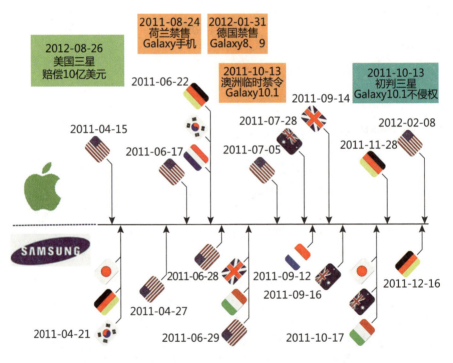

图4-4-3　线性进程图——苹果和三星的专利大战

　　图4-4-3展示了苹果和三星的专利大战。时间轴上方表示苹果的诉讼行为，时间轴下方表示三星的诉讼行为，并标出起诉地点、起诉时间及裁定结果。

摘自：杨铁军. 产业专利分析报告（第13册）：智能电视[M]. 北京：知识产权出版社，2013：222.

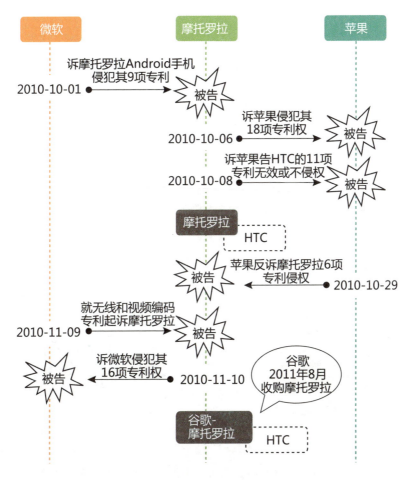

图4-4-4　线性进程图——微软、摩托罗拉、苹果三巨头专利战

图4-4-4表示了微软、摩托罗拉、苹果之间的专利战争。时间轴为纵向，从上到下表示时间的先后顺序，三条时间轴代表的都是相同的时间维度；箭头表示了三家公司之间诉讼和被诉的情况；虚线文本框表示被保护的对象，如摩托罗拉保护HTC。

摘自：杨铁军.产业专利分析报告（第13册）：智能电视[M].北京：知识产权出版社，2013：217.

# 第五节　企业并购专利分析

　　企业并购通常伴随以专利为代表的无形资产的权利转移。因此，从专利的角度对企业申请人的并购行为进行分析，能够在一定程度上发现企业的技术发展战略及其专利策略。

　　企业并购专利分析通常包括分析多个企业主体之间的并购关联关系或单一企业主体的并购历史。企业并购专利分析的主要图表形式有线性进程图和地铁图。

**线性进程图**

用于展示单一市场主体的并购历史

**地铁图**

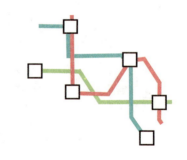

用于展示多个市场主体之间的并购关系

# 一、线性进程图——单一市场主体的并购历史

用线性进程图表示单一市场主体的并购历史与用线性进程图表示焦点事件诉讼进程相似。

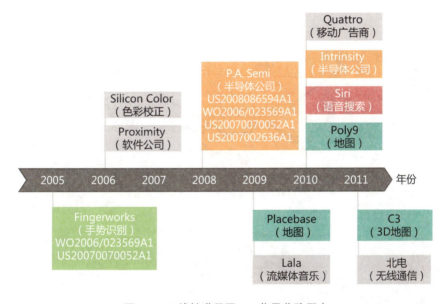

图4-5-1　线性进程图——苹果收购历史

图4-5-1展示了苹果在智能手机行业中的并购历史。在苹果发展历史中，其并购策略基本上都是有目的地去收购某个领域技术实力突出的小公司。从苹果收购的相关企业来看，苹果在智能手机领域的未来发展方向有如下几点：语音识别、基于位置服务和低功耗。

摘自：杨铁军. 产业专利分析报告（第5册）：智能手机[M]. 北京：知识产权出版社，2012：117.

## 二、地铁图——多个市场主体之间的并购关系

当企业之间的并购关系比较复杂的时候，可以用地铁图来展示。如图
4-5-2 所示，其展示了汽车领域的企业并购关系。

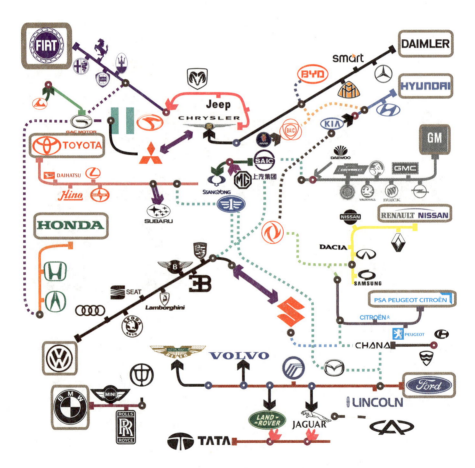

图4-5-2　地铁图——全球汽车企业并购、重组、合作

图4-5-2是汽车安全领域企业并购关系的地铁图，展示了全球汽车企业并购、重组、合作
的关系，采用不同颜色的节点和线条表示企业之间的合资、收购、出售关系。

# 第五章　可视化的流程与规范

　　好的专利分析图表应该主题清晰、形式规范、信息准确、设计美观，起到充分"传情达意"的效果。在这个越来越追求轻量化阅读的"图解"时代里，良好的图形表达能够在读者与信息之间提供一条直观生动的渠道。但对于专利分析而言，数据和信息的准确又始终是第一位的，图表要服务于信息，不能任意发挥。

　　本章试图在第二章至第四章介绍专利分析内容和可视化图表的基础上，分析专利分析内容的内在数据关系，总结不同类型的图表适于表达的信息，归纳提炼二者之间的对应关系，提供基本的统计图表的制图规范，并进一步抽丝剥茧追踪其中的信息表达要素如尺寸、色彩和文字等，分析好的专利分析可视化设计应当遵循哪些原则，提供更具理论性的归纳总结。

# 第一节　可视化制作流程

## 1. 数据采集

准确的数据是专利信息可视化的基础，专利分析的数据基础来源于每一篇专利文献的数据项（也称为数据采集字段）。常用采集字段如表 5-1-1 所示。[①]

表5-1-1　专利分析采集的常用字段

| 字段分类 | 常规采集字段 | 字段分类 | 常规采集字段 |
|---|---|---|---|
| 与日期相关 | 申请日 | 与法律状态相关 | 法律状态 |
| | 公开日 | | 审批历史 |
| | 优先权日 | 与专利文献地域相关 | 国别 |
| 与技术内容相关 | 发明名称 | | 省别 |
| | 摘要 | | 申请人地址 |
| | 主权利要求 | | 代理人地址 |
| | 技术方案 | 与专利文献人相关 | 申请人 |
| | 用途 | | 发明人 |
| | 技术效果 | | 代理人 |
| 与专利文献号码相关 | 申请号 | | 公司代码 |
| | 优先权号 | | 代理机构名称 |
| | 公开日 | 专利类型 | 专利类型 |
| | 授权公告号 | 其他字段 | 权利要求数 |
| | 国际分类号 | | 附图数等 |

---

① 略有删减，详细参见：杨铁军．专利分析实务手册 [M]．北京：知识产权出版社，2012：75．

采集数据字段需要在明确分析需求的基础上，通过检索系统 / 平台实施检索，并以 txt 文本或者 Excel 表格的形式导出数据。对于不同的检索系统 / 平台，其数据采集方法、检索算符等略有不同，但常规检索方法基本相同。

2. 数据处理

数据处理包括两个步骤：第一个步骤包括数据的去重和补全；第二个步骤包括数据项的规范。数据的去重即去掉重复的数据项，例如对于享有共同优先权的多条专利，通过优先权号去重为一条专利；数据的补全即补全缺失的数据项，例如对缺失公开号等数据项的文献，通过查找原始文献补全数据。在数据完整的基础上，还需进行数据项的规范，主要包括对日期、公开号、申请人国别、申请人名称、发明人名称、省市 / 国家 / 地区、关键词等相关内容的规范。

3. 确定分析内容

基于采集并经过处理的数据，可根据事先明确的分析目的，确定专利分析内容并选定专利分析指标，例如研究特定技术领域的专利申请趋势，则需分析专利申请量随时间的变化情况等。

4. 选择可视化形式

在综合考虑用户需求、信息属性和展示媒介等因素的情况下，可基于数据关系、专利分析内容与图表的对应关系，选择合适的图表表达形式，本章第二节对此有详细描述。

5. 制作可视化图表

按照图表制作的难易程度以及与读者的交互性，可视化图表可分为简单、静态，复杂、静态，交互、动态三个层次，大多数常规静态专利分析图表可以借助 Excel、PPT 完成，复杂一些的静态图表还需要借助 Adobe Illustrator 等辅助软件进行设计和美化。动态的交互式图表也越来越受到关注，Tableau、Processing、Echarts 和百度图说均能实现交互式图表设计。制作图表时应遵循一定的制图规范和设计原则，详见本章第三节和第四节。

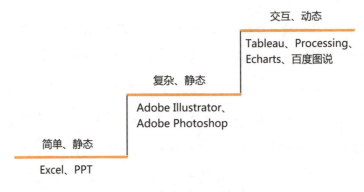

图5-1-1　专利分析图表实现工具

6. 图表检查

为了向读者清楚、准确、完整地传达信息，避免信息不完整、数据有疏漏，图表制作的最后步骤需要对图表进行检查。图表检查包括图面信息的检查和数据的检查校验，图面信息的检查包括横纵坐标、单位、图例是否完整等，数据的检查校验包括常规数据的核对、异常数据的核实等。

## 第二节 可视化形式选择

　　确定可视化形式是整个可视化进程中至关重要的一步。本书第二章至第四章针对专利态势、专利技术、申请主体等不同类型专利信息，介绍了柱形图、折线图、饼图、弦图、树图等可视化图表。本节将进一步归纳提炼，分析不同专利信息的属性和不同图表类型适于表现的信息，找出专利信息与可视化图表的内在联系和对应关系。

### 一、专利分析信息与图表的对应

#### （一）从信息属性看专利信息与可视化图表的对应

　　从信息属性来看，专利信息可分为数据信息和抽象信息。数据信息包括申请量态势、申请人排名、技术构成等，描述的是变化趋势、份额构成、地理分布等统计数据，一般可用折线图、柱形图 / 条形图、面积图、饼图 / 环图、散点图、矩阵表 / 气泡图、矩形树图、地图等常规图表来表示。这类图表多置于明确的直角坐标系或极坐标系中，比较注重制图规范。抽象信息包括申请人合作、企业并购、技术领域分解等，描述的是关联关系、流程发展、层次布局等抽象概念，一般需要用进程图、泳道图、实物图、弦图、力导布局图、地铁图等示意性图表来表示，这类图表多无明确坐标系，比较讲究结构布局。表 5-2-1 对不同属性的专利信息和与图表的对应进行了简单分析。

　　制作专利分析图表时，可以先从基本图表开始，使用 Excel 等常规分析工具，把准制图规范，练好基本功。然后再深入到示意性图表，使用Tableau、Echarts等高级分析工具，注重信息设计、结构布局等，掌握高阶本领。

表5-2-1　专利信息的属性分析

| | 数据信息 | 抽象信息 |
|---|---|---|
| 涵盖范围 | 申请量态势、申请量排名、技术构成等 | 申请人合作、企业并购、技术领域分解等 |
| 描述内容 | 统计数据，如变化趋势、份额构成、地理分布等 | 抽象概念，如关联关系、流程发展、层次布局等 |
| 图表类型 | 常规图表，如折线图、柱形图/条形图、面积图、饼图/环图、散点图、矩阵表/气泡图、矩形树图、地图等 | 示意性图表，如进程图、泳道图、实物图、弦图、力导布局图、地铁图等 |

### （二）从数据关系看专利信息与可视化图表的对应

从数据关系来看，可以将专利信息分为以下几种：一是趋势类信息，如申请量态势等，表现的是数据按时间的变化；二是比较类信息，如申请人排名等，表现的是一类数据与另一类数据之间的对比；三是份额类信息，如技术构成等，表现的是整体数据与部分数据的关系；四是关联类信息，如申请人合作申请等，表现的是不同数据之间的关联关系；五是空间类信息，如申请量地域分布等，表现的是不同空间位置的数据差异；六是流程类信息，如技术发展路线等，表现的是信息的递进、推移关系，通常是按时间轴的递进和推移；七是层次类信息，如技术领域分解等，表现的是信息的上下、总分等层级关系。

接下来我们汇总分析一下前文所述图表类型和适于表现的信息，以便与数据关系进行对应。本书第二章至第四章介绍了折线图、柱形图/条形图、矩形树图、地图、进程图、力导布局图等多种图表类型，其中：

折线图：适于表现一个或多个指标的数据变化趋势，如申请量随时间的变化，数据点一般是连续的，在少量数据和大量数据情况下都可以使用，更强调趋势变化而不是数据点之间的差异。

面积图：适于表现一个指标的数据变化趋势，同时可通过面积反映该指标累计情况，数据点也是连续的，在少量数据和大量数据情况下都可以使用，同样更强调趋势变化而不是数据点之间的差异；对于多个指标的数据变化而言，前后面积色块的遮挡使面积图不如折线图有优势。此外，这种图有堆积变型，可反映多个指标的总量变化趋势和百分比构成情况。

柱形图 / 条形图：适于表现多个指标的对比、排名等，如不同申请人的申请量排名等；也可表现一个指标的数据变化趋势，一般来说数据点不宜过多，数据点是离散的，更强调数据点之间的差异而不是趋势；对于多个指标的数据变化而言，要注意指标数量不宜过多，否则会导致多个柱形或条形不宜分辨；这种图也有堆积变型，可反映多个指标的总量变化趋势和百分比构成情况。

饼图 / 环图：适于表现部分指标与总体指标之间的关系，可反映多个指标的百分比构成情况，这一点与百分比堆积柱形图 / 条形图用法类似。

散点图：可在多维空间（如四个象限）内把相似的散点归类到一起，进行多维尺度分析，如发明人实力对比等；也可表现一个指标随时间的变化趋势，这一点与折线图、面积图、柱形图 / 条形图用法类似。

矩形树图：适于表现多个层级下的数据关系，如不同层级技术分支下的申请量分析等；也可用于分析单个层级下不同指标的对比，这一点与柱形图 / 条形图表现对比时的用法类似。

地图、进程图、泳道图、实物图、弦图、力导布局图、地铁图等与数据关系的对应比较明确，此处不再详细分析。

基于前文分析，本书梳理了数据关系、专利分析内容与图表类型之间的对应关系，供读者查阅使用，如图 5-2-1 所示。

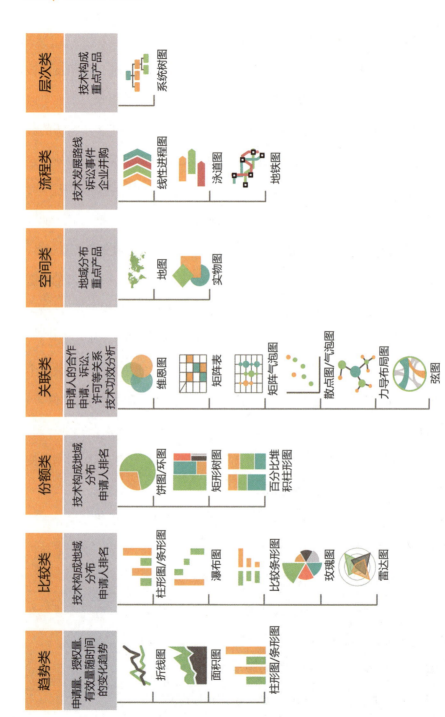

图5-2-1 数据关系与图表类型的对应

## 二、选择最优可视化形式

仅仅了解图表与数据关系的对应还不够，正如图 5-2-1 所示，同一类数据关系可能对应多种图表类型，同一类图表类型也可能要区分不同细节，强调不同重点。例如，表现申请量态势时，就有折线图、面积图、条形图、柱形图可选，柱形图和矩形树图都可以用来表现申请人排名，饼图 / 环图与百分比堆积柱形图 / 条形图都可以用于反映各个技术分支的百分比构成。如果选定折线图表现申请量态势，还要进一步考虑是否需要为每个数据点都添加数据标记等细节。那么应当从哪些因素考虑最优可视化形式的选择呢？

对于可视化这一将信息图形化并传递给用户视觉感知的过程而言，"用户"和"信息"是其中的关键所在，用户需求是可视化的中心，信息属性则是可视化的基础。最优的可视化设计是综合考虑用户对可视化的需求、信息的具象抽象属性、数据的时空关系、可视化的展示媒介等因素的结果。

在用户需求方面，应当考虑用户希望把握变化趋势还是判断关键节点，希望研究数据细节还是体会直观感受，希望了解极端情况还是一览全貌概况？例如，如果是展示较长时间段内的专利申请量变化趋势，可以不标注具体数据点；如果是想突出申请量变化的关键年份，就应当标出明显变化的数据点。在信息属性方面，应当考虑信息是数据信息还是抽象概念？信息关系是时序性的还是空间性的？此外，可视化的展示媒介也很关键，如果是黑白纸质出版物，就要注意黑白印刷图形的明暗对比是否便于读者分辨；如果是幻灯片，就可以提供更多动态效果，另外要注意远处的观众是否能看清细节；如果是网页，就可以提供更多交互，展示更多信息。

本部分内容与接下来要讲述的可视化制作规范和设计要领有内容重叠之处，主要目的是通过实例辨析的方式，为读者选择最优可视化形式提供直观概念，在此基础上再对图表规范和设计原则进行系统归纳，提供更具方法论的帮助。

**表现多个指标趋势变化：优选折线图。**在表现多个指标趋势变化时，折线图中每个指标用一根线条表示，在线条交叉不太严重的情况下，数据的交叉对比清晰可见。而对于柱形图来说，三个以上指标的趋势变化使得每个时间点上对应的并列图形过多，难以观察各个指标的走势和交叉对比。

**表现多个指标对比：优选柱形图/条形图。**在表现多个指标的对比时，柱形图/条形图中分隔的柱条很容易被认知为离散的个体，不易产生误解。而用折线图表现时，连续不断的线条容易让人误解为是单个指标的走势，而不是多个指标的对比。

**表现多系列数据构成比较：优选堆积柱形图。**在表现多系列数据的构成比较时，竖直堆积的柱形辅以连线，使读者很容易观察出每个指标的百分比变化。而在饼图中，由于读者对扇区角度变化不如柱形长度变化那样敏感，视线需要在左右两个圆形来回跳跃，难以直观感受到每个指标的百分比变化。

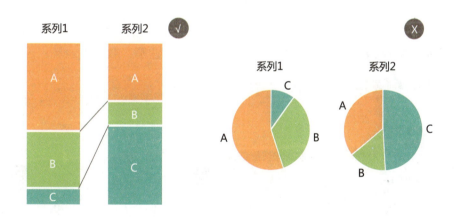

# 第三节　可视化制作规范

专利分析图表对信息传达准确性的要求高于一般图表，可视化形式是"表"，要始终服务于信息内容这个"里"。制作分析图表时应当遵循一些基本规范，客观传达内容。错误的图表会歪曲事实并带来误导，不能一味求新求变，统计数据分析类图表更是如此。本节将通过正误实例对比的方式，介绍图表制作的一般规范，并提供折线图、柱形图/条形图、饼图/环图和面积图等常见图表的特殊规范。

## 一、一般规范

**图表信息完整：**一般而言，完整的数据图表应当包括图号和标题、坐标轴（含标题、标签、刻度）、图例、必要文字注解、数据来源等，否则读者无法了解图表的含义。

**图例等标注位置适当**：图例等标注一般要位于坐标轴内，便于随时对照图例解读相应线条或柱形的含义。如果要位于坐标轴外，可置于图形上方，一般不置于坐标轴左边或下边，否则会与坐标轴标题等内容混在一起，不利于信息解读。

**信息不冗余**：图表应当尽可能节约不必要的信息，避免使图面显得拥挤杂乱，例如对于系列组图，图例和标题可以仅出现一次。

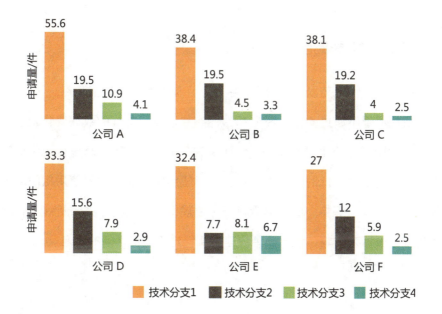

**标签不宜倾斜**：为节省图面空间和读者阅读习惯考虑，标题标签一般不应倾斜，如果标签过长，可考虑减少标签数量，例如每隔五年显示年份标签，或者按规范简化表示，如将 2002 年标记为"02 年。

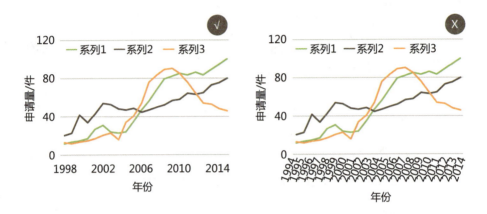

**此外还应当注意**：图表中的字体字号不宜差别过大，图形背景填充不宜过杂，$Y$ 轴与 $X$ 轴的比例适当（通常情况下 $Y$ 轴是 $X$ 轴的 2/3 或 3/4 长）等。

## 二、折线图规范

除了一般性规范以外，对于折线图，还应特别注意以下几点。

**折线尽量不超过 4 条**：尽管折线图在展示多个指标的数据变化趋势方面有其他图形无法比拟的优势，但如果数据折线交叉较为严重，也会造成线条杂乱的图面。此时应考虑使用多个小幅组图，各个组图使用相同的坐标轴，图面大小保持一致，尽量按照一定规律排列，例如按照折线变化剧烈程度或数据大小等，便于读者快速阅读、对比组图之间的信息。

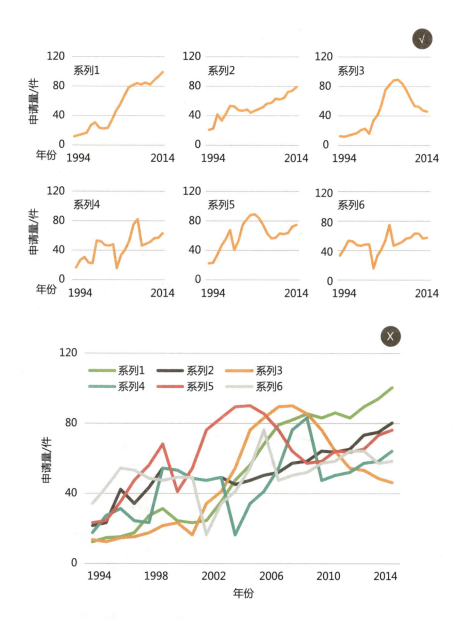

**一般不使用虚线：** 虚线在图表中一般起到标示、辅助、假设等作用，如果不是为了表示数据预测值等特殊情况，折线图一般应避免使用虚线。

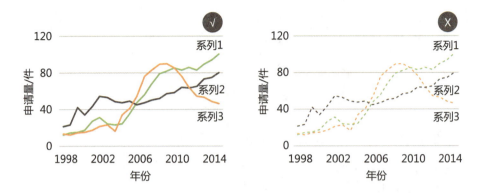

**线条粗细适中，图例可标注在曲线尾部**：折线条与背景网格线易产生视觉上的混淆，因此折线线条应粗细适中，既能显示趋势变化，又不易与网格线混淆。对于多条折线，可将图例标注在曲线尾部，以便于读者直接明确各条折线表示的指标。

## 三、柱形图 / 条形图规范

除了一般性规范以外，对于柱形图 / 条形图，还应特别注意以下几点。

**坐标轴一般从零开始**：柱形图 / 条形图依靠柱形 / 条形的长度来表现数据，通过长短反映数值大小，如果坐标轴不是以零为基线，则会直接改变柱形／条形的长度，带来视觉误导。例如下图中，指标 B（数值为 84）仅比指标 A（数值为 88）少约 5%，但右图显示出来的效果是指标 B 比指标 A 少了一半。

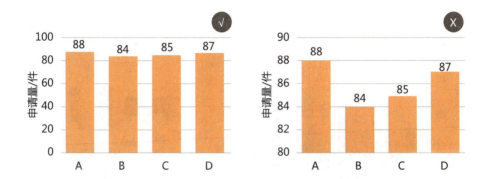

**善用截断符：** 当各项指标数据均为正值且相差很小，导致柱形／条形的长度差别很难区分时，在不至于造成数据误读的情况下，也可采用在非零起点坐标轴上标注截断符，并在柱形／条形中空出一段以示提醒的做法，如下左图所示。还有一种情况是当某一项指标数据远大于其他指标，导致柱形／条形长度差别很大时，可对代表该指标的柱形／条形进行截断，如下右图所示。

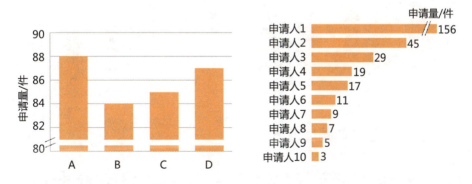

**尽量避免使用三维效果：** 三维效果会给柱形／条形的长度判断带来干

扰，如下右图所示，2008 年的系列 1 和系列 2 的立体柱形看起来几乎齐平，但左图的简单柱形却显示系列 2 要低于系列 1。此外，三维效果的烦冗风格也不符合当下扁平化的设计风潮。

**柱形 / 条形的间距小于其宽度：** 柱形 / 条形的长度是主要的信息表达，应当尽量将读者的视线引导到对长度的关注上，间距达到能够清晰区别柱形 / 条形的程度即可，避免因留白太多吸引视线。

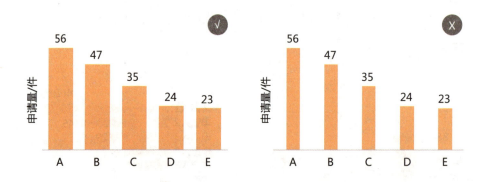

## 四、饼图 / 环图规范

尽管现在对于饼图 / 环图的诟病很多，很多正式的研究报告中也很少用到饼图，但圆形给人特有的完整和统一的印象，也是百分比堆积柱图和面积图不具备的。只要特别注意以下规范，饼图／环图也照样能为分析增色不少。

**扇区不多于5个：** 由于人们对角度的感知没有长度那样敏感，因此过多的扇区切分会影响扇区的对比。一般来说，扇区数量应限制在5个以内，如果指标项太多，可以合并为其他项。

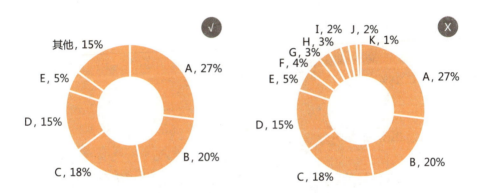

**扇区按顺时针由大到小排列：** 顺时针旋转、由大到小、从上到下都是人们惯常感知信息的方式。为符合这一认知习惯，扇区也应当按顺时针排列，并将占比最大的扇区置于最上方。

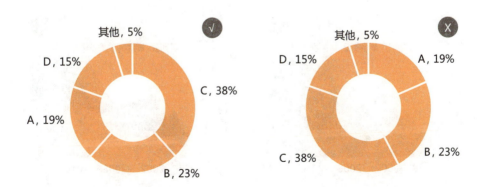

**最多分离一个扇区以示强调**：使用饼图／环图展示数据时，可能希望突出显示某一部分的数据，此时可将代表该部分的扇区分离出来以示强调，但不要全部分离，变成一张"爆炸饼图"。

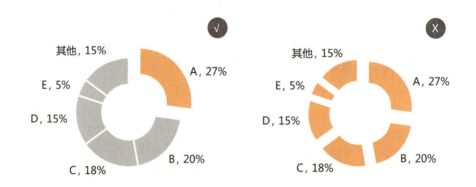

## 五、面积图规范

除了一般性规范以外，对于面积图，还应特别注意以下几点。

**前后重叠的面积图要设置透明色**：在使用前后重叠的标准面积图表现多系列数据变化时，由于各个面积块是按照图层叠放的，为展示在后面积块的走势，可以为在前面积块设置适当的透明度。

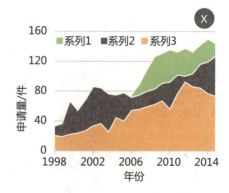

**堆积面积图把大数据放在下面**：使用堆积面积图的目的是在展示各分量指标变化趋势的同时，突出总量变化，并在一定程度上表现分量指标在总量中的构成，因此应当将数据最大的分量指标放在最下方，着重突出其变化趋势和在总量中的占比，如下左图所示。

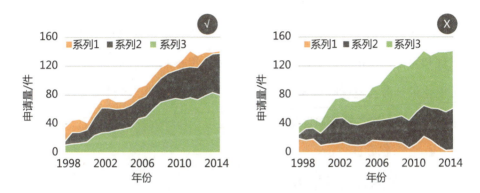

**堆积面积图把变化平缓的数据放在下面**：在堆积面积图中适于将变化平缓的数据系列作为下方基础数据，避免造成对上方数据变化的误读。如下左图所示，橙色面积块所代表的数据变化比较平缓，而深灰色面积块变化则相对剧烈。如果将深灰色面积块置于下方，橙色面积块会随之产生较为剧烈的变化，给读者带来误解，如下右图所示。

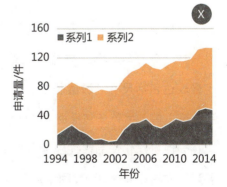

# 第四节　可视化设计要领

用户体验永远是可视化设计的核心话题：他们是如何感知信息并作出思考判断的？如何减少不必要信息的干扰？如何第一时间将读者吸引到最想表达的内容上？本节将回归更原始的方法论，沿循读者感知信息的常见心理和习惯，从信息表达的基本要素入手，追根溯源，探寻好的专利分析可视化设计应当遵循哪些原则。读者可按照这些原则，印证前文所述的制图规范，以及第二章至第四章中图表类型与专利分析方法的对应。

## 一、信息表达的基本要素

正如第一章开篇所说，可视化是一个设计者对数据和信息进行表达，以栩栩如生的形式呈现出来，由读者进行解读，进而获取有价值信息和判断的过程。

信息表达的途径或者要素有很多，根据所表达数据的不同，可分为定性表达、定量表达等，其中定性表达包括形状、颜色（色调）、位置等，定量表达包括尺寸、数值长度、面积、体积、斜度、角度、颜色（饱和度和亮度）等，另外还包括必要的标注和动画。

一件可视化作品往往包含多个要表达的信息，因而也会采用多种表达要素。如图 5-4-1 所示，图中用形状（圆形）表示发明人，用不同色调（红色、黄色和白色等）区分不同发明人，用面积表示申请数量的多少，用必要的标注为读者提供足够的信息。

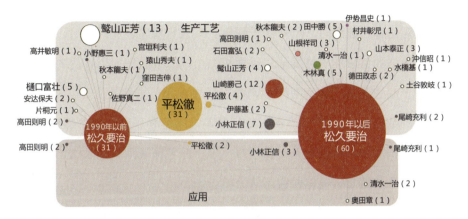

图5-4-1　东丽碳纤维领域发明人合作关系

注：括号内数字表示合作申请量，单位为项。

图5-4-1展示了东丽在碳纤维领域的研发团队状况。从图中可以看出，东丽最重要的研发核心人员是松久要治。松久要治在1990年以前属于平松徹团队，总共申请31项专利；1990年后，松久要治成为东丽研发核心，与众多合作者在多个技术领域具有技术合作。

图片来源：杨铁军.产业专利分析报告（第14册）：高性能纤维[M].北京：知识产权出版社，2013：153.

## 二、设计原则

### （一）让表达更有力

如何合理选择表达要素，使信息变得更加醒目，减轻读者解读的障碍？从心理学角度来看，人们对信息的识别遵循一定的规律，例如，对垂直位置的敏感度高于水平位置；将红色、绿色等不同色调识别为不同类别的事物，而将深红色至浅红色识别为同类事物的不同程度；习惯从左至右、从上到下扫描信息；对长度等一维信息的判断准确性要优于对面积大小、体积大小等多维信息的判断等。如果顺应这些习惯进行设计，能够大大减少读者加工信息的环节。

**要对比有序数据时，尺寸优于颜色：** 在进行有序数值对比时，一维长度大小表达的信息准确性优于二维面积大小，二维面积大小表达的信息准确性优于颜色深浅。如下图所示，对于系列 A 所代表的数值 31 与 B 系列所代表的数值 27，柱形长度的对比让读者非常容易识别两者的数值差别，而二维面积的差异辨别起来就要困难一些，颜色深浅则只能表达出系列 A 大于系列 B 的信息，具体差值无法分辨。

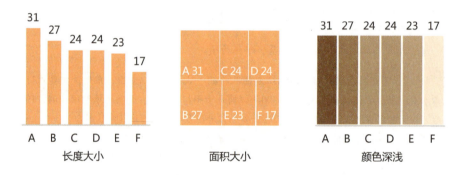

**要突出一类事物时，颜色优于形状：** 为了在多个指标中突出其中一个指标，颜色传达出的信息非常易于识别，而形状的辨别就要困难一些。如下图所示，深蓝色圆点与其他橙色圆点的区别一目了然（左图），圆形与其他方形的差别则需要仔细辨别（右图）。在制作专利分析图表时也常常用到这种规律，例如在绘制多折线图时，一条深蓝色折线与其他橙色折线的区别会非常明显，但一条带圆形数据标记的折线与其他带正方形数据标记的折线的区别就需要仔细辨别。

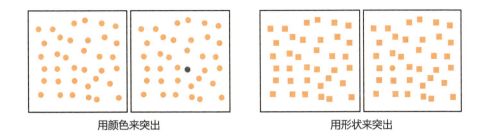

用颜色来突出　　　　　　　　　　用形状来突出

## （二）让数据更突出

专利信息可视化的核心要务是突出呈现数据元素，应当尽可能弱化非数据元素的干扰。如下右图所示，背景阴影线填充、杂乱的颜色、很粗的网格线、不必要的图例标注都很容易吸引读者的视线。实际上，在柱形上方标注数据点的情况下，这些非数据元素甚至是纵坐标轴都可以隐去，从而最大程度地突出柱形长度这一数据元素。即使要标记网格线，颜色也不宜太深，线条不宜太粗，否则会喧宾夺主。

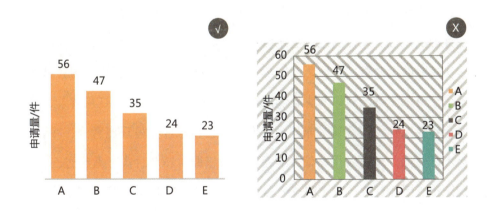

## （三）让色彩更和谐

**使用约定俗成的色彩。**色彩是有含义的，并且因地域、文化而各异。例如，红色在中国股市中代表上涨，在欧美一些国家股市中代表下跌；美国共和党的代表颜色是红色，民主党的代表颜色是蓝色。在制作分析图表时如果根据色彩惯有含义进行设计，对快速准确理解信息很有帮助。如下图所示，可借鉴财务数据中红色代表赤字、困难和警示作用的含义，在专利分析图表中用红色表示下降，绿色表示上升，并加注上下箭头以示强调。

　　**采用和谐的色彩搭配。**色彩搭配直接影响可视化图表所传达的信息和图面的美观性。和谐的色彩搭配能够给读者带来愉悦的感受，吸引读者进一步探寻数据的意义。反之，一些颜色的搭配以及占据的图面比例会给理解信息带来障碍，例如大块蓝色背景上的红色字体或者大块红色背景上的绿色字体会让阅读变得非常吃力。专利分析图表应当呈现出客观、冷静、商务的气质，可以采用略偏冷色系的色彩搭配，颜色种类不宜超过五种。国际组织引领着统计图表制作的潮流，使色彩搭配既简洁又不失创新，借鉴经济合作与发展组织（OECD）、世界银行（World Bank）、世界知识产权组织（WIPO）、欧洲专利局（EPO）等国际组织的设计不失为一种捷径。

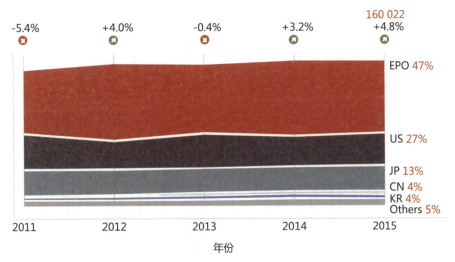

图表来源：EPO 2015年年报[EB/OL]. http://www.epo.org/about-us/annual-reports-statistics/annual-report/2015.html.

### （四）让字体更美观

文字除了本身传递出的文本信息含义以外，字体类型、字体大小、文字颜色等也是重要的设计元素。

**选择好识别的字体**。关于有无衬线 ① 的字体类型长久以来一直是争论的焦点，在近年来的扁平化设计风潮中，无衬线字体由于干净简洁而颇受青睐。其实在理解难易方面，两种字体并无本质区别，只要本着易于识别，不干扰阅读的原则，选用什么字体并无一定之规。

---

① 衬线是指笔画起始和结束处的装饰,其作用是强化笔画的特征,从而使得阅读和识别更为容易,如常见的 Times New Roman 和 Arial 分别是有衬线和无衬线英文字体的代表, 宋体和黑体分别是有衬线和无衬线中文字体的代表。

有衬线字体　　　无衬线字体

## Carol Carol

Georgia
Times New Roman
Courier

Arial
Tahoma
Century Gothic

## 专利分析 专利分析

宋体
楷体

微软雅黑
黑体

**字体种类不宜过多**。一般来说，在图表中选择 1 种基本字体，小于 2 种辅助字体为宜，字号不小于 8 号，字号差异不宜超过四级。

√

1. xx领域全球申请态势分析

    1.1 申请趋势

    1.2 技术构成

    1.3 地域分布

    1.4 主要申请人排名

X

1. xx领域全球申请态势分析

    **1.1 申请趋势**

    1.2 技术构成

    *1.3 地域分布*

    1.4 主要申请人排名

## （五）让排版更整齐

根据格式塔理论，人们在感知信息时，会倾向于将视觉感知的内容理解为常规的、简单的、相连的、对称的或有序的结构。[①] 排版其实就是一个将信息规律化的过程，例如重复利用字体、色彩、形式一致的图表，将

---

① 陈为，沈则潜，陶煜波，等．数据可视化 [M]．北京：电子工业出版社，2013：49.

上下行列的图表对齐，将有关联性的信息聚拢在一起等，顺应读者感知习惯的排版能够很好地引导读者视线，快速定位核心信息。

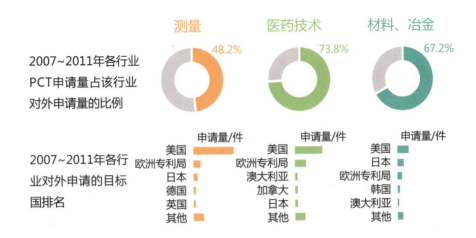

# 图表序号索引

## 第三章

## 第四章

# 图表类型索引

## 折线图

## 面积图

## 柱形图/条形图

## 饼图/环图

## 矩形树图

## 瀑布图

## 维恩图

## 地图

## 地铁图

## 实物图

## 系统树图

## 弦图

## 力导布局图

## 玫瑰图

## 雷达图

## 其他

## 表格